U0135201

智元微库
OPEN MIND

成 长 也 是 一 种 美 好

放过自己，允许一切发生

不比较，轻松而坚定地活

［法］萨维里奥·托马塞拉　著

火燕语　译

人民邮电出版社

北京

图书在版编目（CIP）数据

放过自己，允许一切发生：不比较，轻松而坚定地活／（法）萨维里奥·托马塞拉著；火燕语译. -- 北京：人民邮电出版社，2023.9（2024.2重印）
ISBN 978-7-115-62383-6

Ⅰ．①放… Ⅱ．①萨… ②火… Ⅲ．①人生哲学－通俗读物 Ⅳ．①B821-49

中国国家版本馆CIP数据核字(2023)第138832号

版 权 声 明

- ◆　著　［法］萨维里奥·托马塞拉
　　　译　火燕语
　　责任编辑　张渝涓
　　责任印制　周昇亮
- ◆人民邮电出版社出版发行　北京市丰台区成寿寺路 11 号
邮编 100164　电子邮件 315@ptpress.com.cn
网址 https://www.ptpress.com.cn
河北京平诚乾印刷有限公司印刷
- ◆开本：880×1230　1/32
印张：6.5　　　　　　　　　2023 年 9 月第 1 版
字数：200 千字　　　　　　2024 年 2 月河北第 4 次印刷
著作权合同登记号　图字：01-2022-5337 号

定　价：59.80 元
读者服务热线：（010）67630125　印装质量热线：（010）81055316
反盗版热线：（010）81055315
广告经营许可证：京东市监广登字20170147号

"不管你能做什么或梦想自己能做什么，都开始做吧！
胆识将赋予你天赋、能力和神奇的力量！"

——约翰·沃尔夫冈·冯·歌德
（Johann Wolfgang von Goethe）

谨以此书献给所有的孩子，无论是牙牙学语的幼儿，还是学龄期的男孩女孩。期待他们的父母、老师和其他教育者能够激发他们的创造性，让他们从小就勇于展现自己的独特性，成为真正的自己，并为此感到骄傲和自豪。

序　言

"人类的进步源自文化的多样性和人格的确定性。"

——皮埃尔·约里奥（Pierre Joliot）

——来吧，冲呀！别犹豫！

——我？让我冲？你说得轻巧……

——怎么？你还没决定？

——不、不，再等等，现在还不是时候。

——你还有什么问题？

——我还没准备好。

我们经常会编造借口，告诉自己时机未到，没有做到万事俱备，随之而来的便是无限期的拖延……或者我们开始了一项新工作，但出于这样或那样的原因，我们很快就停止了，甚至为了不再继续，我们还为自己寻找合适的借口。在这样日复一日的拖延中，我们会无法认清自身的潜力，从而不能充分施展自己的才能，不能自由地表现真实的自我，最后庸庸碌碌，丧失自我价值。

一位朋友向我倾诉："我好佩服那些敢于从事歌唱、舞蹈、戏剧、绘画、雕塑和写作工作的女性。她们是那样无拘无束，不在意他人的眼光和评价；她们陶醉其中，充分施展着自己的才能！"她希望自己也能够做到这一点。

实际上，敢想敢做这一行为本身就表明了自身的与众不同，发挥主观能动性（把自己的想法付诸实践）知易行难。这需要过人的胆识与魄力以及后天培养的才智与修养。除了瞬时的热情，不屈不挠的勇气同样不可或缺，这些勇气涉及方方面面，包括思考、语言表达、行动、直面危险、展现自己的与众不同与创造力，以及克服阻碍行动的内在和外在的各种障碍等。

一些促进个人发展的训练方法，无论以何种形式出现，都会在一段时间内，对一些人产生效用，比如看似能够治愈我们的创伤、帮助我们建立自信、让我们敢于表达自我的一些肤浅的方法和标语等。然而，这些方法的风险在于它们会干扰我们的判断力，限制我们摆脱束缚的可能性，尤其是通过否认个体的独特性来抹杀我们的主观创造性。

我们也会看到，媒体上的某些导向性信息也给我们的创造力施加了巨大压力。例如那些批判"自恋"、推崇"心理韧性""当下"和"积极思维"的道德神话。

在这种背景下，我们很有必要去思考哪些因素会阻碍我们自由地发挥创造力，这种思考对创造力的培养十分有利。在思考的过程中，我们定会发现自己对于社会主流观念的服从，这种服从可以是显性的，也可以是隐性的。这些社会主流观念涵盖心理学、哲学、科学等多个领域。

但除了服从，我们还需要学会反抗，敢于实现自我解放。我们要不断发现那些妨碍我们更富有创造力地生活、强化创造性工作能力、建立创造性人际关系、制定创造性人生规划的桎梏，然后彻底摆脱它们，进行独立思考和自主决策。

面对生活的挑战，你会选择被动接受还是主动出击？ 这个问题的答案是决定我们能否发挥主观能动性和表达独特性的关键。事实上，正是由于我们选择了主动出击，我们的创造力才会被激发，它为我们绘制出生命的蓝图，规划出新的方向。同样，我们也会在很多人生回忆录中看到这个问题的存在，一些小说和电影就是最好的佐证。

即便我们的生活没有处于服从他人或循规蹈矩的状态，为了获得自由和感受到自己真实存在于这个世界而进行反抗，对我们而言也是一个极具创造性的挑战，因为我们每个人往往都会迫于现实压力而不断向生活妥协。

归根结底，本书的主题是，以我们自身的内驱力为基础，通过富有创造力的方式，投入到情感、艺术、文化、智力或精神的全新冒险中。特别是通过这些能够激励自我、点燃热情的活动，获得个人和集体双重意义上的成长。

目　录

第三章　安全感是一种无形的束缚

第四章　请将问题勇敢说出来

自我审查

我们对自己施加的暴力

完美是不可能的

第八章 情绪的力量

第九章 每个人都有最真实的激情

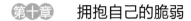

拥抱自己的脆弱

被讨厌的勇气

支持你自己的愿望

第十三章 反抗是一种美德

第十四章 接纳自己的缺点

"我因我们而存在"

 激发创造力的过程

第一章

当自我受限时

"活着就是要慢慢经历这世界，遵从世俗，那也太简单了吧。"

——安托万·德·圣-埃克苏佩里

（Antoine de Saint-Exupéry）

在创造自我和寻找自我的漫漫长路上，我们通常会选择走捷径，甚至渴望一蹴而就。我们满怀期待，希望从事一份自己热爱的工作，而愿望每每落空的原因却很简单：我们选择了自己不擅长的领域。我们总希望自己成为知名舞蹈家、抒情歌手、雕刻家、画家、漫画家、摄影师、资深瑜伽教练或运动员，但我们自身却不愿为获得成功付出刻苦努力。

心理治疗是一种充满创造力的康复方法，它同样在帮助人们创造自我和寻找自我。我们有理由相信，阅读书籍、文章或是收看访谈类节目，对我们解决现实生活中的各种困难大有助益，这并不是一个复杂艰难的过程。通过这些途径去寻找自我和创造自我，可以帮助我们实现自我修复。

我们的生活中存在哪些制约

不是做所有的事情，都需要功利性的驱动。我们有时乐于做某件事，即便它不会带来立竿见影的效果或收益。正因如此，当我们真正开始去做时，我们往往会发现自己面临很多制约，无法大展拳脚。这些制约因素有些源于我们所处的环境或家族文化。以下列举了一些社会规定或约定俗成的规矩造成的制约：

- 人们被要求做到绝对独立、自给自足或自己设法应付困难（不求助或不亏欠他人）；

- 周围的人对他人都过于严苛，吝啬于赞美他人，追求完美主义。人们经常会这样评价他人："你还差得远""我们还能做得更好"；

- 事不关己，高高挂起的态度，使得人们对他人漠不关心并拒绝表达自我。

- 由于缺乏安全感，人们会更加节俭、喜欢存钱、采取预防措施、对未知事物充满恐惧，我们经常用这样一些成语来形容这类人："杯弓蛇影"或"捕风捉影"；

- 无所事事被视为一种错误，这会令人们在处于闲暇、心不在焉、放松休息时，内心充满罪恶感；

- 冷酷无情的环境会养成回避型依恋①的人格，有此人格的人会鄙视或恐惧身体接触；

- 虚荣心导致人们否认自己的缺点、脆弱和局限性；

- 宿命论会促使人们放弃去改变这个世界。

---

① 回避型依恋是一种人格障碍，是以全面的社交抑制、能力不足感、对负面评价极其敏感为特征的一类人格障碍。患者在幼年或童年时期就开始表现出害羞、孤独、害怕见陌生人、害怕陌生环境等特征。成年以后这些问题对患者的社交和工作产生不利影响。这类患者总觉得自己缺乏社交能力，缺乏吸引力，在各方面都处于劣势，因而显得过分敏感和自卑。自尊心过低加上过分敏感，担心自己会被别人拒绝，使患者很难与他人建立亲密关系。——译者注

我被抑制[①]了吗

　　我认为，抑制的产生机制是上述制约的核心和基准。那么，抑制究竟是什么？在心理学中，抑制意味着无意识的约束，或是针对一种行为举止，采取有意识的设限，压制冲动或欲望。抑制也同样肩负着一项社会功能——减轻或阻止一些犯罪冲动，比如它能够帮助人们克制一时的愤怒，避免对他人造成伤害。同时，抑制能够使人们获得一种延迟满足，即放弃眼前小的利益和短暂的快乐，为将来更大的收获和更多的成就做准备，比如为了能够减肥成功，暂时克制住想吃甜品的欲望[②]。

　　抑制能够帮助我们克制住自己的偏好、习惯、无意识行为和条件反射，让我们专注于完成某件事情，因此十分有助于学习。一个缺乏自控力的人可能会表现出行为障碍甚至出现危害社会的行为。反之，如果过于自律，则可能导致身体或精神失去活力，表现为丧失感知力或部分情绪表达力。

　　除去上述定义[③]，我们需要尝试找到是什么束缚或压制了你满足内心深处的欲望，阻碍了你完成一个项目或对你而言极为重要的一项工作。

---

① 抑制，又称心理抑制，是大脑皮质的基本神经过程之一，是与兴奋对立的状态，其表现为兴奋的减弱或消失。——译者注

② 出自《大英百科全书》。

③ 后文我将提出其他方面的概念，尤其是一些创伤性抑制的形式，例如麻痹、分裂、分歧，以及由此产生的理性倾向。

- 你认为自己很可笑吗?
- 你是否确信自己有从事这项活动的正当理由?
- 你会进行内省吗?
- 你的家人或身边的朋友不理解或不认同你的工作吗?
- 你倾向于等待别人采取主动吗?
- 你会判断或评估你遇到的风险和困难吗?
- 你感到疲倦甚至筋疲力尽吗?

诚然,除上述几点,你或许能找到妨碍你持续做一件事情的其他原因,这些原因可能更为隐秘且私人化。正因如此,你常常对他人投以羡慕的眼光,目睹他们实现了你的梦想,或是完成了那些你敢想却不敢做的事情。

没有动力去实现梦想

我们从众多事例中选取了弗朗索瓦的故事。现年 31 岁的他目前还不是一名作家,然而写小说这个梦想由来已久,至今仍未实现。他简明扼要地回答了我们最关心的问题,造成这一切的原因是他的拖延症。

"很久之前我就有一个梦想,就是成为作家,通过小说讲述精彩纷呈的故事,自己也能以此为生。坦白说,应该用'愿望'这个词来表达更合适,写作这件事完全在我的能力范围内。说到底,我的职业与写作密切相关，笔杆子不说是我的武器吧，但也是我相当重要的工具。虽然写作对我而言不需要付出超出常人的努力，可无奈事与愿违。"

　　这里的"梦想"一词指出了弗朗索瓦在写作上遇到的困难。他梦想成为一名真正意义上的作家，他也梦想完成小说的创作并希望能够出版。然而，现实情况令人失望，他日复一日地将自己的小说创作工作推迟到第二天再进行，就像他对自己的评价："我有拖延症。"他只有梦想而没有行动。虽然目前的工作和家庭生活中的繁杂事务对他全情投入创作造成了很大的影响，但他也承认自20岁起，他就有很多机会能够完成创作，遗憾的是他并没有抓住时机。由此看来，问题出在其他地方。

　　"自从我的青春期结束以后，我间断性地尝试过撰写一些故事，但我并不是独立作家。考虑到图书市场充斥的精英主义，要成为一个作家，就要在成千上万的人中脱颖而出。要想获得成功，就要比他人更优秀，文风要独树一帜，要有足够的想象力创作出好的故事。在这些条条框框中，我把写作当成了一项任务，导致自己逐渐失去了写作的乐趣。写作本应依靠灵感的迸发，是一项充满想象力的工作，却变得需要制订计划并不断调整。竞争思维禁锢了我的灵感，导致我对写作这件事兴致缺缺，于是我很快就放弃了。这令我垂头丧气、郁郁寡欢。长期以来，写作这件事被我束之高阁。我并没有为写作这件事穷尽各种方法，有时我会劝解自己说我不是真的喜欢写作，否则我早就下定决心了，我会坚持每天写作，写作就是我的氧气，正如那些知名作家所说的那样。

我越想越觉得，写作对我来说是一项彰显人生价值的工作，我需要有足够的动力去提升自己的写作水平，迎合市场需求，同时我还要想方设法操控读者的情绪，这显然又不够浪漫。如果非要给阻碍我顺利完成创作的因素下一个定义，我称之为骄傲、怠惰、自卑、害怕被否定的一种结合。"

没错，这种结合变成了一种禁锢，让我们不禁深入思考和探索。

"然而，忽略掉上述那些对我造成阻碍，导致我中途放弃一件事的因素，恐惧还会促使我去坚持完成一件事。我害怕自己总有一天会消失得无影无踪，而没有在这个世界上留下任何存在过的痕迹。这种恐惧使我明白，我或许会在一夜之间死去，甚至领悟不到自己活在世上的意义。而写作就是我生命的意义。写作令我备感幸福，但是每天当我坐在书桌前准备动笔时，我就会产生焦虑。为了写完这本书，我不得不强迫自己。也许这种强迫的感觉会被写作的乐趣冲淡，但如今，这种乐趣在我看来几乎如同传说一样虚无缥缈。"

我们需要强迫自己去做一件事吗？答案是肯定的。既然如此，我们不妨花些时间仔细探究背后的原因。

为什么学习了海量的知识，还是无法解决问题

我们的大脑有两种截然不同的重要功能：一种是自我监控、

自我审视和自我检测；另一种是支配我们的行动和激发我们的创造能力。当我们不进行自我设限时，我们的自发性就越强，也就是说主观能动性越强，就越能从完成一件事中得到满足感。成为高分低能的人会令我们缺乏活力、不能随机应变、丧失对生活的热情以及妨碍我们拥有自得其乐、排解压力的能力，因为此时的大脑在抑制新想法的生成。

当下，很多人都针对"心理学"和"个人发展"做了大量研究，相关的图书、杂志和节目层出不穷。然而，一些因无法实现自我价值而备感痛苦的人，越来越依赖于精神分析或心理咨询。面对海量的心理学知识，他们中的很大一部分人已经处于饱和状态，不仅无法继续汲取这些知识，甚至开始对这些知识产生厌恶。他们的头脑中充斥着抽象的概念、既定的观念和多数情况下不适用的规则。他们感受不到自己真正存在于这个世界，忽略自己的灵魂和肉体，感觉自己出了故障。

自我监控过度有诸多弊端。有的患者抱怨："我什么道理都懂，但我就是无法付诸实践。"他博览群书，却始终无法参透自身存在的意义，无法建立理想的人际关系，无法从事自己的理想职业。

有一位患者深感绝望，他说："我能够将自己的想法表达出来，我也知道自己在说什么，但我的生活并未发生真正的改变。"为此，他尝试了各种方法。

这究竟是怎么回事？难道知识会成为一种障碍吗？渊博的学识会压制我们的主观能动性吗？他人的评价会扼杀我们的创造力

吗？经过多年的实践，我意识到过于依赖心理咨询往往有损人类真正的发展和进步，甚至会降低治愈的可能性。受这种"脆弱知识综合征"影响最大的是精神分析师和心理咨询行业的从业者，他们经常会进入一个"死胡同"，深陷其中且很久都无法从中抽身。在"脆弱知识综合征"的影响下，个体习得的知识大部分属于惰性知识和模式化知识，导致个体在面对生活中的各种问题时会束手无策，承受着孤独和痛苦，向四周不断探索；个体会感觉到皮肤的疼痛，躯体的局促不安，继而联想到生活的种种不幸：害怕、沮丧、刺激、虐待、抱怨、紧张、暴力和无法实现的愿望。

很多的精神错乱来源于人们内心的慌乱不安和意识紊乱。

- 我们处在一个优胜劣汰的环境中，焦虑心理会让我们认为，只要把精神看作现实，并从行为心理学[①]的角度看待问题，我们就可以成为"正常人"；但我们也容易因此而缺少同理心，对那些勇于表达独特性和敢于做自己的人心存戒备。
- 人们喜欢待在舒适区里，过度重视外貌。这会令人们避免谈论痛苦、忧伤、荒谬、疾病、衰老、暴力和死亡。正是因为亲身经历过，所以人们才会竭力掩饰甚至否认它们的存在。

---

① 行为心理学是 20 世纪初起源于美国的一个心理学流派，它的创始人为美国心理学家华生。行为主义观点认为，心理学不应该研究意识，只应该研究行为。所谓行为就是有机体用以适应环境变化的各种身体反应的组合。这些反应不外乎肌肉收缩和腺体分泌，它们有的表现在身体外部，有的隐藏在身体内部，强度有大有小。——译者注

- "非此即彼"的二元观念是一股强大的意识形态浪潮，它希望将"消极"的事物彻底摧毁，极力推崇和赞扬"积极"的事物。
- 意识域 ① 不断缩小。人们的感觉变得迟钝，直觉也被一再否认。
- 网络技术的迅猛发展为交流带来了许多新的可能，人们依靠线上交流，变得足不出户，不再与他人进行面对面的分享，失去了感受自我存在的可能性。

当代文化中的所有弊端都有一个共通之处：缺乏人际交往。我们能够从人际交往中汲取巨大力量，同时感受到自我的真实存在，为自己的前途增添助力，为未来打造光明的前景，因为我们永远都想象不到，自己遇到的人能为自己带来多大的希望与活力。获得无穷的快乐、保持高涨的热情和成就非凡的事业，无一不以人际关系为基石。对他人敞开心扉会给我们带来快乐，我们会发现生活处处有惊喜，并能够学会更好地表达自我，获得外部力量，助力自身取得傲人的成绩。人际交往具有的惊人力量，让我们敢于和他人不期而遇，秉持开放的态度接纳个体差异带来的不同。我们不断和他人建立纽带，一起分享丰硕的成果，品味收获的快乐，因此我们有理由相信人际交往是一件乐事。

---

① 意识域是在短时间内对客观事物所能觉察到的范围。任何一瞬间所能明显意识到的事物，只限于注意力所集中的部分，其他事物都是较模糊地被意识到的。——译者注

通常情况下，自我价值的实现正是得益于这些人际关系。同样因为它们，我们才能不断投入到新的活动中去。然而，我们自身存在着一些不易察觉的惰性，它们也在悄无声息地发挥着作用。

抑制的限度在哪里

人们需要感知自己真正存在于这个世界上，才能更好地生存下去。当抑制超出了一定限度，偏离了原本的轨道时，存在的意义也就消失了。我们感知不到存在，存在本身也就失去了价值，生活就会变得索然无味。高度的抑制和存在意义的消失都将使我们陷入误区，甚至走向虚无。

高度的抑制主要会导致我们陷入消极心理和退化效应这两种较为极端的误区，我们如果在人际关系的建立过程中走入这两种极端，就会在人际交往中失利。这两种极端存在于我们和家庭、团体或社群成员间的交流互动中。

消极心理

具有**消极心理**的人会表现得愤世嫉俗，同时会对他人的存在视若无睹，他们认为与外界的接触是无用的，也没有与他人进行人际交往的愿望，甚至会将他人拒之千里。他们处在浑浑噩噩的状态下，会去挥霍金钱、毫无理性地自我放纵，也可能会做出更加极端的事……这种心理形成的原因可能是亲人或身边重要的人的离世给他们造成了心理阴影，让他们无法从中走出来并沉浸在悲伤中。对死亡的恐惧长期萦绕在他们的脑海中，使他们变得缺乏安全感，由此衍生出这样一种病态的心理，从而导致他们无法与他人进行正常的人际交往，长此以往，越陷越深。他们早已习惯封闭自我，不去表达自己的感受，从心底里拒绝发挥自己的主观能动性和创造力。甚至有时，他们会不愿意表现自己的聪明才智，即使他们学识渊博、反应敏捷或曾经热情洋溢、干劲十足，也会放任自己在承受反复打击后变得愈发消极和迟钝。

退化效应

退化效应是抑制的另一种极端，其表现是使人内心深处产生自卑或不满的心理，每天都以抱怨的心态面对生活。人们会感到自己对生活无能为力，永远达不到自己的期望或是不能满足周围人的要求。有些家庭、学校和企业都存在这种效应：如果我们尝试跳出"舒适区"寻求更广阔的天地，就会被指责为好高骛远，我们付出的一切努力都被视作徒劳，并会以失败告终。如果我们的父母过于严苛，家庭氛围十分压抑，或者我们的伴侣玩世不恭或有强烈的控制欲，在他们的影响下，我们的生活就不再多姿多彩，也不再充满快乐和惊喜。我们会感觉自己总被欺负、受尽委屈、被别人忽视，我们极有可能陷入危险境地，无休止地进行自我折磨和自我攻击，甚至会走极端。

保守主义是抑制的表现形式之一，类似于冰山理论^①。

忧郁也是抑制的表现形式之一。大多数陷入自我毁灭的忧郁症患者中，一部分人还会将忧郁传染给自己身边的亲朋好友，这就像俗话所说的：近朱者赤，近墨者黑。

如何打破这种命运的力量

即使明知上述两种情况是极端且病态的，我们也极有可能在各种因素的作用下不自觉向它们靠近。我们受到他人的过分指摘或遭受重大打击，又或是长期处于一种追求物质、崇尚竞争和冷酷无情的环境中，都会对自身造成重大影响。

但追根究底，我们不能一味地把这一切都推给他人或环境，很大程度上还是取决于我们自己的主观能动性，我们可以以积极的心态探究原因、寻求治愈方法，从而脱胎换骨。生命是一场漫长的旅程，为了彻底实现自我的解放和摆脱前进道路上的障碍，采取适当的深度心理咨询和精神分析疗法很有必要。无论如何，

---

① 冰山理论是萨提亚家庭治疗中的重要理论，实际上是一个隐喻，它指一个人的"自我"就像一座冰山一样，我们能看到的只是表面很小的一部分——行为，而更大一部分的内在世界却藏在更深层次，包括行为、应对方式、感受、观点、期待、渴望、自我共七个层次，不为人所见，恰如冰山。——译者注

最重要的是要学会赞赏，用欣赏的眼光看待人和物；正如埃德蒙·胡塞尔建议的那样，要去努力寻找"与世界的天然联系"[①]。在他看来，世界本来没有任何意义，所有的意义都是人赋予的。"人类只有一项使命：阐述这个世界的意义，因为世界对每个人的存在而言意义重大。"无论是通过感官还是精神，人们都需要在现实中感受到自我的存在，才能有勇气去面对生活中的大风大浪和阴晴圆缺。

　　以上就是撰写本书的初衷。实现梦想和发挥主观能动性和创造力是我们的共同目标，所以接下来让我们一起去探索，朝着心中的目标奋勇前进吧！

---

① Edmund Husserl, *Idées directrices pour une phénoménologie,* tome III, Gallimard, 1985.

第二章

别再强迫自己积极乐观地面对一切了

"复杂性思维是一种联系的思维，其意义更接近于'复合物'这个词的含义，即交错在一起的事物。传统的思维方式将各学科知识划分领域并进行分类。复杂性思维采用联系的方式，反对知识作为客体的孤立性，会结合大环境并把知识作为整体的一部分纳入考量。[①]"

——埃德加·莫兰（Edgar Morin）

[①] 出自 *Synergies Monde* 期刊，第 249-262 页。

越来越多的年轻男女强烈主张"追逐享乐"，但颇具讽刺意味的是，有些精神层面上的约束、道德绑架和抑制行为源自心理治疗本身。

三十多年来，许多人借助文字和话语，不遗余力地向大家传递这样一种信息：如果想变得富有创造力，那么最重要的就是培养复杂性思维、接纳各种观念的交流与冲突，只要这些观念不是自相矛盾的。克劳德·纳钦、尼古拉斯·兰德、奥利维·杜维尔还有其他一些学者不断提醒我们，必须打破传统观念，重新审视精神分析法及其他心理治疗手段。也就是说，要秉持开放和创新的态度，研究这些疗法与人类本身，与政治、经济之间的关系，以及与当代文化及其演变过程的相互影响。

生活中面临的困难和出现的一些心理问题，通常都是一些无关紧要的话题，却往往会成为热门，甚至变成我们日常用语的一部分，被越来越多地提及，比如"积极乐观地面对一切""学会拒绝"等。这些单一性思维，正在误导着我们。

为什么我们会被误导？为什么社会上到处蔓延着固化的单一性思维，而人们却默许它的存在？无论在心理层面还是健康层面，任何一种单一性思维都存在风险。

变得美丽、快乐、健康、积极……别再说了

在治疗期间及日常生活中，越来越多的人向我吐露，他们厌倦了社交网络和媒体上这种关于"积极乐观地面对一切"的舆论。无论年龄几许，无论何种性别，他们都认为当前的心理模式和个人发展模式令人难以忍受。

幸福博览会

不计其数的指南、"小说"、文章和一些播客节目都以"获得幸福的最佳途径"为主题大肆营销。当今社会只是以幸福为噱头去鼓励人们积极面对生活中的一切，而并没有告诉我们该如何投入生活。事实上，我们的社会越来越缺乏人与人的交流、关爱和人际关系的建立。但在我们的生活中，人际交往是必不可少的，我们在与他人交往的过程中会经历快乐与痛苦、幻想与幻灭、冲动和误解等，这些多种多样的人际交往体验交织成我们的生活。

30岁的布兰丁对"告诉你应该如何生活"这种风靡一时的主流话语感到愤慨。"我受够了这些说法，比如'保持平静''学会说不'，不断重复的口号式语言完全制约了我们的主观能动性，并且让我们相信，只有照着这些说法去做，才能显示出'自己的体面和教养'。

"我们被认为没办法通过独立思考获得幸福，只要按照书籍、

社交网络或者媒体上的规定去做，成为他们理想中的样子就足够了。"

　　29 岁的玛蒂尔达对这种情况进行了细致入微的点评。"这有很多好的方面，尤其是社交网络对心理学进行了宣传，并通过网络向全社会普及了心理学。但是目前，定期去看心理医生，学会'照顾好自己'和维持心理健康都还只是都市人群或精英人群会做的事。这种宣传的弊端在于，我们必须服从主流观念：要想获得幸福，我们必须学会情绪管理，时刻保持稳定的情绪和心态，好像激动和纠结这样的情绪本就不该存在。所有在社交网络上有影响力的达人在'个人发展和成长'的话题上都有一套神奇的'程序'：做瑜伽、坚持健康饮食、做冥想训练。健康的生活方式成了一种束缚，这会让那些没有按照这套程序生活的人产生一种'自己做得还不够好'的感觉，长期陷于内疚感中。"

　　他们会感觉自己和他人差距逐渐拉大、体力逐渐衰退、人生无法到达新的高度，这些过分贬低自己且不合理的想法将会日积月累。由于被必须时刻保持"积极乐观"的观念绑架，他们总是认为必须诸事皆顺，并拒绝接受事物的阴暗面。然而这种观念本身就是虚假和不正常的。

　　我周围很多记者朋友或熟人，尤其是年轻人，都在反抗着媒体和社交网络盲目施加给他们的压力。在这种压力下，他们感觉自己仿佛一台巨型永动机，在一刻不停地运转。

　　30 岁的克莱奥解释道："我实在无法忍受'必须始终保持积极的态度'这种命令性的话语。它剥夺了我们表达悲伤和感受失败的权利，一切都必须是'有用的'并且能帮助我们不断进步。随着社交网络上有关'幸福'的网页内容日益增多，我认为，所有关于'幸福'的内容终将会导致个人至上理念的出现：我们必须把自己放在最重要的位置上，即使这意味着将自己与他人完全隔绝。清晨，我们做瑜伽，练习冥想，然后制定'待办事项'清单；我们必须保持健康饮食，进行多项体育运动，还要理智消费。我们对自己的一切都要认真负责！当然，在这些限制下我们自身也会获得一些进步……某些话语也确实赋予了我们悲伤的权力，让我们的精神得到片刻的放松……但这些话语往往屈指可数！我也会感到社会带来的压力，主要是工作带来的压力。我在自己的职业领域成绩斐然，但正是因为我工作出色，所以我更不能感到疲惫、厌倦、失落……而且我属于中产阶级群体，在这个群体中我听到过各种各样的歧视性言论，这个群体的'优越感'会让我愈发感到惭愧和内疚。我把所有这些问题都归咎于社交网络极端的风向。"

人们竟然会因为做自己而感到内疚！这太过分了不是吗？然而，我却越来越多地听到这样的话。为了解释产生这种感觉的真正原因，让我们剥离一切外界因素，尝试从内部挖掘根源。我们为追求十全十美而压抑和否定自己，会产生哪些令人担忧的症状？

"积极思维"：这是一种新的道德风尚吗

近年来出现了一种观念，即我们每个人都在创造自己的现实。不过这种观念并非完全正确。实际上，对于发生在我们自己身上的事情，我们只是参与者，所以用"共同创造"来表达更为贴切。

我们是不能靠自己来创造一切的，有些事需要他人的帮助，有些事则需借助策略或自然的力量，且带有一部分偶然性。因此，如果我们表达出一点点"消极"的想法或言论，很多人就会指责我们，认为这会导致大祸临头，我们总有一天会为此"付出代价"。

于是，心理学和个人发展领域出现了一种对优胜劣汰法则的过度崇拜。就像那些过度运动并服用蛋白质来拥有健硕肌肉的人一样。人们似乎能把一切都做得很好，善于使用"积极"正面的语言，打造完美生活，借助自拍来营造虚假的人设。这种错觉的背后隐藏着一种新的道德风尚，它使我们变得僵化、独断、具有侵略性；它也让我们坚信自己一定会成功，但凡对成功造成阻碍的东西，我们都会果断拒绝。

由于这是一种道德风尚，任何背离它的人都会莫名其妙地感到内疚、觉得自己一文不值，自卑到了极点。"积极乐观地面对一切"不仅会让人们产生内疚心理，而且最重要的是，它会令人们产生羞愧感。然而，无论个人还是集体，只有把错误指出来，找到最佳解决方案，才能逐步实现自我解放，不断向前迈进，最终获得良好的自我感受。

普遍的不适与失调

心理学家勒内·凯斯在其著作《不适感》（ *Le Malêtre* ）中指出，当文化层面的桎梏日趋沉重时，人们就难以享受生活的乐趣和畅快地表达自我。这种无法言喻的不适感导致人们出现思维障碍、惊人的奇谈怪论、不受控的暴力倾向，甚至深刻影响了人们发挥主观能动性，对自我创造和自我表达造成阻碍。

勒内·凯斯揭示了一种"永久性文化危机"，这种危机的不可预测性和非连贯性为人们共创未来和制订整体计划带来了种种困难。过去两代人经历了这些广泛且迅猛的变化后，得到了大规模的创伤体验。勒内·凯斯指出："我们无法用常理解释他们究竟经历了什么，其中一些经历的时空参照点是混乱的。"这令我们产生了"无助感"和"思想混乱"[①]。

勒内·凯斯坚持认为，面对当今世界的风云突变，对心理学和精神分析法进行深化、论述和调整势在必行。许多心理学作家坚持认为，需要开放心理学的研究领域以便进行创新[②]。但这些作家的发声却无人问津。

① René Kaës, *Le Malêtre*, Dunod, 2012, p. 16-18.

② Nicholas Rand, *Quelle psychanalyse pour demain? Voies ouvertes par Nicolas Abraham et Maria Torok*, Érès, 2001.

商业还是疗法

实际上，一场深刻的危机正在席卷心理学领域。但更严重的是，心理学领域不但对此极力否认，而且声称，心理学掌控着整个人类生活，它教导人们什么是"幸福"和"怎样拥有更好的生活"。然而，大家心知肚明的是，很多心理学从业者尝试了各种方法，却没有真正改善患者的症状。这就提出了一个问题：为什么心理学领域疗法众多却收效甚微？

一场名副其实的混乱

很多心理治疗师做得不好的原因不仅仅是他们的工作本身难度大、要求高，还有这些心理学从业者自身也会存在需要解决的人际关系问题甚至心理问题。但是他们中的绝大多数都从未亲身体会过长期的治疗过程，或是接受足够深入的精神分析。那么心理治疗师们该如何获得进步呢？首先，重要的一点在于不要掩饰这些问题。其次，每位心理治疗师都必须摆脱照本宣科的讲义和刻板的套话，克服自己控制患者的冲动，纠正对待患者的生硬语气和不良态度，改掉喜欢对患者进行虚伪奉承以及采用煽动手段的坏习惯。

我们发现，有很多拙劣的疗法只是流于表面或仅涉及理论方面。太多的心理医生相信，只要掌握一些理论和概念就能够使自己接纳、倾听、领会、理解、安抚和陪伴那些在痛苦中水深火热，希望寻求帮助的人。更不用说未经培训或成绩不佳的那群人了，他们还立志成为这一行的专家和精英。他们尝试着去强迫患者认同自己的理念，接纳自己的想法及言论，对患者采取简单粗暴的治疗方法，却从不考虑对症下药。最终，会出现多少这样不合格的心理医生？

一种成功的疗法

精神科医生已经证明，以下这些能力是每个心理治疗师都应该具备的基本能力，拥有这些能力才能更好地从事本职工作：

- 尊重每位患者的独特性、出身、文化背景、感官的特殊性、偏好性和敏感性；
- 强大的人际关系网和人际交往能力；
- 根据每个患者的生活环境，对问卷做出相应的调整；
- 考虑患者的困难和要求，具体问题具体分析；
- 灵活治疗，跳脱出先前或他人已制定好的方案；
- 真正做到关心患者，切实关注其个人特点和取得的进步；
- 能够质疑自己并进行自我反思；
- 定期进行学科专业知识的补充学习；
- 不断提升自身的人道主义修养；

- 保持适当程度的自信和乐观 [1]。

然而，与普遍观点相悖的是，仅凭心理学从业者本人的专业技能是远远不足以治愈患者的。甚至，专业技能仅占治愈可能性中的一小部分，患者本人及其心态才是治愈能否成功的关键。

事实上，临床研究和实践表明，对患者而言，需要具备以下必要条件才能成功治愈：

- 拥有真正的动力，使自己能够全身心投入心理治疗，为了自身的不断完善与发展，愿意付出努力，做出必要的改变；
- 积极参与到心理治疗的每一个环节当中；
- 逐渐接纳自身的局限性和薄弱之处；
- 愿意学习，能够忍受心理医生的提问带来的不适感，并将这种意识付诸实践；
- 乐于探索自身的情绪和亲密体验；
- 留出时间定期休息，便于感知和接纳自身的真实感受；
- 根据亲身经历，学会进行自我表达；

在心理治疗中富有创造力的患者往往受益匪浅 [2]。

这也印证了美国哲学家尤金·简德林的研究成果。1970 年，

---

[1]　Bruce E. Wampold, « Psychotherapy Effectiveness: What Makes it Work? », APA Annual Convention Symposium, 2011.

[2]　Edward A. Johnson, « The surprising secret to successful psychotherapy », *The Conversation*, 2018.

他指出心理治疗获得成功的关键是患者本身，而不是心理治疗师。治愈要归功于患者能够在心理治疗期间以及个人生活中暂时停下脚步，对发生在自己身上的所有事情进行深入的思考，然后运用主观的方式将它们明确表述出来[①]。

因此，我提议建立和开展一项名为**心理宣泄**的研究，即以人为本，通过人性化的方式，借助一定的行为或语言，将那些阻碍人们有尊严地生活和发挥创造力的一切束缚、障碍、执念和压力全部释放。

① Eugene T. Gendlin, *Focusing*, Bantam, 1982.

第三章

安全感是一种无形的束缚

"希望你拥有无尽的梦想，也希望你怀抱着实现它们的强烈渴望。希望你充满热情，也希望你保持沉默。"

——雅克·布雷尔 [1]（Jacques Brel）

---

[1] 雅克·布雷尔，全名雅克·罗曼·乔治·布雷尔，1929 年 4 月 8 日生，出生地是法国博比尼，比利时歌手、作曲人。——译者注

　　法国的主流文化是如此墨守成规、反对创意。主流文化认为，谈论梦想过于幼稚，或只是纯粹的心血来潮。纯理性主义的拥趸和"严肃"的哲学家们对梦想大肆诋毁，因此我们被要求"活得现实一点"，也就是说，我们应该成为唯物主义者和理性主义者。

　　在实证主义当道且混乱不堪的局面下，人们倾向于寻求一种安全感，这使得很多人愈发狭隘、给自己设限，只做那些在他们看来确定的事，每天重复着同样的事情，维持着自己的习惯。他们将自己囚禁在常规事项中，再也无法摆脱这种控制，不能自主行动，甚至再也无法开始尝试新事物，拒绝一切他们认为可能会威胁到自身安全的人和事。

　　然而最近，这种所谓的"寻求安全感"与"管理自我情绪"的荒谬言论几乎同时出现在大众的视野中。此前，儿童教育专家强调过，为了孩子的良性平衡发展，保证其周边环境和周围人，尤其是其父母的**可靠性**尤为重要。

　　可靠性是指周围人际关系的质量，尤其是"足够优秀的"父母，他们能够专注孩子成长，认真对待孩子，尊重孩子的需求。反过来，孩子会认为这样的父母是值得信任的，这会给孩子带来舒适、放松和宁静的感觉。

　　一个人安全感的建立是从幼年时期开始的。这是一个简单又基本的事实，我们怎么能够将其忘却呢？我们又为何在后天成长过程中逐渐丧失了安全感呢？这是因为我们生活的世界危机四伏，我们周围的混乱唤醒了我们内心最深处的恐惧，让我们对已知事物感到紧张，对未知事物和变化产生排斥，而为了实现自我保护，我们产生了心理防御[①]。

如今，极度渴求安全感的患者在他们的生活和心理治疗过程中，经常表现得过于严肃、抗拒和拒绝进步。很多心理治疗师通过一种人为的、病态的高强度循环方式，对患者实施监督，这种治疗方式也表现出僵化、教条、缺乏创造性，由此产生了恶性循环。

诚然，对某些人而言，痴迷安全感的原因是他们在儿童、青少年乃至成年时期，根本没有体验过这种可靠性。对其他人而言，这种痴迷则更多源于面对新事物的焦虑，或是对于脱离舒适圈的抵触。不要忘记，"控制"意味着确定和安全感，这是人们获得安全感的基础。我们采取任何行动，都是**试图获得某种"控制"**，来对抗未知和不确定，继而获得安全感。我们将通过一些事例来探讨对安全感的痴迷及其带来的后果。

服从还是被排斥

我们很容易认为自己应当把所学知识传授给他人，并有能力

---

① 防御在心理学上是指无意识的保护反应。从精神分析来看，这种反应的产生大体上是由于"自我"要在个人冲动和社会生活之间找到一种平衡。——译者注

为人师表。无论在什么年纪，我们都可以持续地进行学习和发现。

二十多年来，在日常生活中，关于把自己的思想灌输到别人脑中并让别人按照自己的想法行动这件事，我们能听到最具强迫性却又最言之无物的观点之一，就是对"自恋"的谴责。如今，有一些心理医生，认为自恋是一种邪恶；还有一群记者还在盲目传播这种具有极强伤害性和破坏性的观点，对那些阻碍这种观点的传播和背离它的人，这些记者会谴责他们"自恋"，因为在这些记者看来，我们都应当被套在统一的模具中，保持低调、排列有序、言听计从。

过分服从导致的悲剧是，孩子不敢违抗自己的父母，也不敢索性逃离原生家庭。不是孩子贪图享乐或是害怕令父母不愉快，而是出于一种被家人排斥的焦虑，因为这种排斥恰好对应了**人类的排斥心理**。除了害怕遭到威胁、惩罚和报复，孩子为了避免遭受这种排斥，会长期通过各种形式对他们的父母俯首帖耳。

在父母影响下做出的选择

父母会令孩子感到恐惧，同时孩子也会将父母理想化。尽管父母并非无所不能，但在孩子眼中他们依然很强大，因此孩子就会处在父母的影响甚至控制之下。父母利用这种恐惧来干预甚至掌控孩子的一切，他们不采取提建议的方式，也不单纯地尊重孩子的选择，而通常会拿稳定的工作、名利和成功当借口，强行干涉孩子的职业选择。

26 岁的罗莎回忆道："13 岁那年，我不想再学习拉丁语了，但是我父母的专业都是语言文学，而且我父亲还是一名古希腊语的教授，所以他们拒绝了我的想法。

"之后，在高中期间，我想往文学方向发展。父母接受了我的想法，同时提出了一个条件——我必须继续学习拉丁语和希腊语。对此我没有提出异议，就按他们说的办吧，因为从内心深处来说我并不反对，尽管我对拉丁语和希腊语并没有太大的兴趣。但后来我真的爱上了它们，所以在文科预备班^①的时候，我选修了古典文学，而且是拉丁语和希腊语方向。"

罗莎表示是"她自己选修了这门课"，她的说法恰好掩盖了一个事实，其实是她父母不让她选另一门课。总体来说，她还是尽量确保自己所做的决定合父母的心意。罗莎明白自己为何对父母如此顺从。

"事实上，我始终都明白并感激父母对我的疼爱和照顾，我们同住一个屋檐下，我一直对他们百依百顺。现在，我要自己做决定，但我始终无法当面反对他们。当我做出的选择不合他们的心意时，我很难与他们当面起争执。"

相较于罗莎的故事，对其他年轻人来说，父母对于他们的影响似乎更加间接，或者更加微妙。例如布兰丁，就是在父母的"建议"下选择了她的职业方向：

---

① 法国学生在报考法国高等师范学校时要先进入文科预备班进行学习。——译者注

"曾经，我的母亲被迫学了会计专业，直到现在她还在因为这件事埋怨她的父母。因此她经常告诉我和哥哥，要做自己真正想做的事情。到了该择业的年龄，我并没有什么特别的想法，于是母亲就给我列举了一些她自己比较感兴趣的职业，她告诉我，如果当初她能自己做选择的话，她会选择摄影。我采纳了她的建议，同时结合了我自己的实际情况，最终做出了决定。如今我成了一名视频剪辑师。"

我们时常看到，当青少年面临人生中的关键节点，需要做出重大抉择时，即使父母不会无理取闹，也没有使用要挟或逼迫的手段，他们和孩子也会因意见冲突而针锋相对。玛蒂尔达对此做了清楚的解释。

"自六年级以来，我就一直跟父母说我想成为一名记者。但因为我来自小城市，所以我就想知道自己到底要怎么做才能实现这个梦想。在会考①的时候，我想要选择应用外语专业，父亲问我：'为什么选这个专业？为什么要当老师，整天活得清闲又懒散？'他想让我去读法学院，还威胁我说如果不听他的，就不会给我经济上的资助，所以我不得不选择学法律。恰逢那个时候是罢工的高潮期，一整年我只有三个月的课，然后第二个学期我索性就离开学校了。到了9月返校那天，我没有参加考试，而是直接转到

① 法国高中毕业会考（BAC），即"业士考试"。在法国，学生接受高等教育必须持有这个考试的成绩。平均分为 12 ~ 14 分为一般；14 ~ 16 分为良好；16 分以上为优秀。法国高等教育的层次都以 BAC+N 来表述的，N 代表年级。通常 BAC+3 为学士学历，BAC+5 为硕士学历，BAC+8 为博士学历。——译者注

了应用外语专业。从那以后，对于我的学业，父亲没有再提出过任何问题。在没有在传统的法国大学校①接受教育的情况下，我成了一名记者。"

名望是一种无声无息的压力

现年 32 岁的玛丽安娜在选择职业方向时没有经历过纠结和摇摆不定，因为纵观她的教育经历，她堪称人生赢家：从赫赫有名的高中毕业后，进入预科班，随后从极其激烈的竞争中脱颖而出，获得硕士学位。

"我没有真正感受过学业或职业选择带来的压力，我的压力在于，我必须取得成功。获得文学硕士学位后，我对未来有些迷茫，随后我选择成为一名新闻编导和纪录片导演，这也一直是我喜欢的职业。我认为在我的家庭中，没有任何人会专门引导我去选择这样一条道路。实际上，后来我才意识到自己的愿望和野心给我带来了多大的压力，开始质疑自己当初的选择。直到现在我仍处在过度的自我封闭和自我抑制中，我害怕别人对我感到失望，害怕自己选择的这条道路并非想象中的那么美好。"

如今，玛丽安娜开始重新选择自己的路。她开始学会从名望和成功的压力中解脱出来。她明白了一个道理：世间最好的路，

---

① 法国大学校，是对通过选拔性的入学考试（concours）来录取学生的法国国立高等院校的总称。——译者注

是自己选择的路；因为是心之所向，所以才能坚定地走下去。

下面这个案例的情况较为罕见，主人公名叫克莱欧，她声称对于自己的职业道路拥有"绝对的自主选择权"。

"小的时候，我想要成为一名职业钢琴家，但听了几场演奏会之后，我备受打击，意识到音乐对我而言只不过是兴趣爱好，我并不想把它当成职业，也不想往更高水平继续发展。从那以后，我还发现自己对写作、文学、哲学、艺术等感兴趣。在我看来，我似乎很适合当一名音乐评论家。于是，为了达成这个目标，我开始学习、研究相关的行业知识，如今，我实现了自己的目标，也为自己付出的努力深感自豪！"

对一些年轻人来说，他们的父母肯倾听他们的想法，尊重他们的选择。然而，即便他们做选择时没有受到父母的影响，也极有可能受到老师的影响，比如 28 岁的埃德娜就是个很好的例子：她的高中老师极力坚持让她进入预科班学习。几年之后，严峻的金融危机与公共卫生危机接踵而至，她找不到和自己的期望与能力相匹配的工作，这时的她感到失望透顶。

"即使获得 BAC+10 的文凭也找不到工作。就算找到了，薪水也十分微薄。"埃德娜的观点有理有据。

尤其令人心灰意冷的是，造成这一结果的原因是多方面的，除了家庭和学校层面的影响，人们还会受到社会主流观念的影响，对未来充满幻想，怀揣着美好的愿望生活，然而这些愿望是如此不切实际且永远无法实现。

"美好生活的标准是难以企及的。人们是如此渴望达到这些标准，甚至无法接受自己的生活中有丝毫的不完美，这使我们永远活在失望和幻灭中。我周围大多数接受过高等教育并具备独立思考能力的朋友，坚信只有金钱和物质上的成功才能给他们带来幸福。这简直太荒唐了！我也观察到，家庭关系变得愈发复杂，人与人之间的沟通不再真诚，大家会假装一切都好，或者干脆互相避而不见。在父母和老师的口中，我们会有一个美好的未来，我们已经按照他们的要求竭尽全力去追求成功了，但是没有得到任何回报，终归还是一无所有。我们存在于这个世界上，越来越像一阵风，来无影去无踪。"

对美好生活难以企及的标准滋生出的压力，悄无声息地在人们的思想中蔓延，最终扼杀人们的自我表达能力与质疑精神。

第四章

请将问题勇敢说出来

"批评可能令人不快，但很有必要。如同肉体上的疼痛一般，批评让我们注意到问题的存在。"

——温斯顿·丘吉尔（Winston Churchill）

　　能够自我倾听、自主思考、自我表达、发明创造、自我革新、不惧忧虑、不畏强权，如今这些品质已十分罕见。不过，对有些人来说拥有这些不算难事，比如玛丽安娜，她认为拥有这些品质对她而言游刃有余。"我会想方设法去获得并展现自己具备的这些品质，不过我也不是一直都能坚持这样做，这只是阶段性的。"然而，并非每个人的情况都是如此。

　　一位名叫克洛伊·蒂博的记者发表了一篇驳斥法国主流观念的文章，她在文章中指出，21 世纪社会的新症结之一在于：人们很难把问题说出来，这甚至是一个不可能完成的任务[①]。因为害怕得罪或冒犯他人，所以我们会格外注意自己的言行，学会察言观色，而且必须时刻保持"积极乐观"。我们越来越害怕承认问题的存在，更难将问题勇敢地说出来。

　　无论在日常生活中，还是在社交网络或媒体上，铺天盖地的主流观念给我们套上了层层枷锁，让我们无法充分尽情施展自己的才能，无法实现个人成长，更无法获得纯粹的幸福！

---

① Chloé Thibaud, «Pourquoi a-t-on du mal à dire que ça ne va pas ?», Doctissimo, 19 janvier 2021.

总想讨好他人

我们会被一股神奇的力量吸引并深陷其中，我们的生活方式和人际关系都会受到它的影响。不管我们是否想去讨好他人，结果都是一样的。有时我们不想引人注目，引起轰动，于是我们学会了保持体面，但这种体面更令我们感到压抑。它迫使我们变得笨拙、拘束、含蓄，就好像我们给自己戴上了一张名为克制谨慎的面具。

"要么前进，要么毁灭"的文化

在个人成长过程中，我们对"自己"这个概念的理解深受家庭和周围环境的影响。这些影响对我们自我认知的形成意义重大：社交网络、广告、媒体、商店的橱窗，还有我们遇到的人以及他们的言论和态度，都在不知不觉中造就了我们对"自己"的看法。我们投入大量精力和时间来满足他人对我们提出的要求，表现出社会文化中那些所谓"得体"的言行举止。这种压力不仅使我们对自己的外貌和身材感到焦虑，还潜移默化地影响到了我们的思维方式、自我认知和自我表达。

目前的社会文化无法容纳负面情绪，不允许人们展现出自己的软弱。因此，无论在家庭还是团体中，我们都不能将自己的脆弱展现给别人看。

玛蒂尔达指出："在我的原生家庭中，家人们从不抱怨生活中的不如意，他们也很少表露负面情绪。在他们的影响下，我也变得和他们一样。当我感到疲惫时，我会觉得只有弱者才有这样的感受。我从来都不想在他人面前暴露自己的弱点，我觉得这是因为我想成为一个完美的人，害怕别人会因为我的缺点而讨厌我。"

在很多家庭或某些社会群体中，为了体现家族尊严或出于所谓的礼节，人们会避免表露负面情绪。一些典型的资产阶级家庭或贵族家庭总是要求家族成员保持良好的情绪。在大众的眼中，男性更加不能怨天尤人，面对身体上或心理上的痛苦，人们会要求他们"咬紧牙关挺过去"，因为这是男子气概的体现。在这种环境下成长的人，会对自己身体的伤痛和负面情绪闭口不谈，他们被困在"要么前进，要么毁灭"这种残酷的文化中进退维谷。

压抑造成的危害

实际上，自我控制会令我们在潜意识中压抑自己的感受和情绪，在我们觉察到自己的潜意识后，就会做出无意识行为。我们很难彻底摆脱对自我的压抑，很多人还会因此出现各种心理问题。压抑是一种心理防御机制，表面上看，我们已经遗忘了一件事，但实际上，这件事仍存在于我们的潜意识中；最终我们还是会在不知不觉中反复想起它，由此就产生了情绪倦怠。我们会发现，有些人的情绪感知力很弱，也很少将情绪外露，长期对自我的压抑可能导致他们身患重病。

难以表现出来的不仅是情绪，也可能是人们的愿望、内心世界或是观点。当人际交往中不存在利害关系，在某些特定情况下，与某些特定的人在一起时，我们可以将真实的自我表达出来，但要注意分寸。

布兰丁解释道："我在和身边少数信任的人相处时，才会试图说出我的真实想法甚至我面临的问题。我不说，是因为我害怕失去一段关系。所以，我学会了自我消化，自己默默承受这一切。当我再也无法忍受一段关系时，我会在这段关系结束后让所有的负面情绪爆发出来。"

情绪的不断积攒就像过度充电一样，面临着超负荷后爆炸的风险。

超负荷的情绪

我们常常听到精神负担这一说法，却很少听说情绪负担。**情绪负担与我们在人际关系中体验到的所有感受相对应，包括感觉、情绪和情感。**

如果我的情绪负担过重，我会觉得自己处于超负荷的状态，因此我就会很难说清楚自己的感受，同时也不太能将我的感受表

达出来 [①]。反之，请设想一下，我的状态很好，但我身边亲近的人中有人在不停地抱怨。过段时间，我就会达到一种"情绪超负荷"的状态，即便我喜欢他或者爱慕他，也不想再听到他抱怨自己的痛苦，不想听到他的指责……在这种情况下，处于"情绪超负荷"状态下的人会逐渐封闭自己。他们再也不去倾听他人，同时可能会对他人说出"我知道了，你已经告诉过我了"，或者"别抱怨了，我再也忍受不了了"，诸如此类的话。

看到这种情况，那些生活不如意的人们就会开始审视自己，并告诫自己不要向自己爱的人抱怨，不要让他们感到困扰。即使处在一个有利于自我表达的环境中，最终他们也会意识到，在人际关系中，不能把一切都寄托在别人身上。这就是为什么人们建立了一个免疫系统，防止自己被他人打扰和打扰他人。从更宏观的角度来讲，经济、政治、社会、气候、健康等层面不断出现的危机，都会诱发多种形式的暴力、痛苦、担忧、焦虑和压力，反过来又会导致大众层面出现"情绪超负荷"。这种"情绪超负荷"会不可避免地导致人们缺乏情绪感知力，继而缺少同理心和共情能力。

害怕自己被人瞧不起

有些人害怕表达出自己的真实诉求会被人瞧不起。为了避免

[①]　Saverio Tomasella et Charlotte Wils, *La Charge affective*, Larousse, 2020.

被他人蔑视，这类人就不再按照自己的意愿行事，尽量把自己变得无足轻重，追求平庸甚至贬低自己的能力，在说话之前他们还会反复斟酌。

玛蒂尔达表示："我不知道问题到底出在哪里，当我明确地表达了自己的需求时，我总觉得别人会认为我太任性了。我甚至还会认为，在我说出口之前，别人就应该能猜到我要说的是什么。我希望别人尽量不要注意到我的存在。当我意识到我本应该直截了当地表达自己的需求时，已经是亡羊补牢，为时已晚。对我而言，那些对自己的不幸遭遇难以启齿的人，也很难表达自身的需求，他们更多时候是把注意力放在别人身上。"

事实上，把注意力放在别人身上或许意味着对他人感兴趣，把他人的需求放在优先位置，想为他人提供帮助，但这也意味着对他人的意见或建议十分重视。然而，"积极思维"在成为潮流的同时，也带来了潜意识的情感压抑。

说服自己一切都会好的

"说服自己一切都会好的"，这种想法产生的根源是我们和父母的关系。由于父母的专制和强势，我们不想让他们失望。罗莎的情况就是这样，她承认自己面对问题时喜欢保持沉默。虽然情况在逐渐改善，但她认为这依然是她生活中面临的一个大问题。

"小时候，当我身体不适、心情不好，或者遇到一些不好的事情时，我从来不会把它们说出来。连我的父母都感到惊讶，我待在摇篮里居然不哭也不闹！后来，我得了大面积的湿疹。"

人在试图说服自己一切都会好起来时，需要一定的勇气和毅力，就像人们常说的，要学会"独自承受"。而这可能导致的后果就是我们会变得过于随和，甚至表现出对他人的顺从，之后我们的判断力会下降，变得对他人言听计从。

"十几岁的时候，我的湿疹有所好转了，但我仍然没办法将自己的问题说出口，我一直试图说服自己一切都会变好。或许这其中有父母的原因，他们对我的人生产生了巨大的影响，可我从来没有产生过反抗他们的念头。每当想到这一点，我还是会感到很惊讶，但我完全没有觉得这有任何不对！我总认为一切都很好，每个人都很善良，等等。最终，这使我在面对他人时，不可避免地陷入了不愉快的境地：由于我不能直接告诉别人我喜欢什么、不喜欢什么，所以我和朋友之间并没有默契；最重要的是，他们并未真正了解过我。"

总认为生活无限好，所遇皆良人，会严重影响我们的情感生活和亲密关系，导致我们做出错误的选择。我们也会因为自己无法明确地表达自己的需求而陷入遗憾和痛苦。

"在第一次恋爱关系中，我无法明确表达需求给我造成了巨大的障碍。我无法将问题说出来，甚至我自己都没有发现这些问题。所以，令我感到痛苦的情况经常出现。只要出现一丁点儿不对劲的地方，我就害怕事情会变得更糟糕，于是我很快就会提出分手，这种情况出现过很多次。”

由于需求不明确，情况就可能变得令人难以忍受。解决方法就是立刻从中抽离或彻底结束这段关系，这样做可以使我们避免遭受更多的痛苦，有助于重新找到自我。幸运的是，有一些亲密关系是正向的，双方的相处模式与上述情况截然不同。与对方产生共鸣，能够感受到对方的情绪是建立良好亲密关系的关键，并有助于我们探索人与人之间交流沟通的其他方式。

“三年来，我一直在和一个男生约会，他能觉察出我情绪的好坏。有时在我自己没意识到之前，他就已经能感知到了！在表达自己需求这件事情上，他为我提供了极大的帮助，我也做得越来越好了。不仅是和他在一起的时候，跟我的朋友相处时也一样，不过与我的父母兄弟相处时，我还是比较少提及自己的问题和困难。”

因此，一段健康的亲密关系会带来一种全新的相处模式，这种模式同样适用于原有的人际关系，尤其是家庭内部的关系。学会明确表达自我会产生一系列连锁反应，每个人都会从中获益。

不要打扰别人

有些人坚信，轻松自如地表达自我，说出自己面临的问题和困难，可能会给他人造成伤害和困扰。他们担心失去他人的好感和信任。

罗莎继续分析道："我想我之所以说不出问题和令我感到不适的事情，不仅是因为我怕伤害到别人，怕失去他人对我的好感、尊重和信任，还因为我自己都没有弄清楚问题在哪儿。大多数时候，我甚至都不知道到底是什么令我不高兴，我需要时间，需要让自己冷静下来去思考其中的原因，从而发现问题所在。"

即使每个人都有属于自己的节奏，我们也需要一定的时间才能意识到，一旦我们看到他人对自己展现出友好和包容，我们就会对他们倾诉更多，而在敞开心扉后，我们又会感到后悔。

克莱奥观察到了这一点，她说："对别人敞开心扉对我来说从不是件难事，我很容易就能说出自己的困难，告诉别人那些令我不愉快的事情。但不幸的是，我总是很容易就对那些不值得信任的人敞开心扉。我之所以吐露这么多内心的想法，是因为我觉得有必要将我的诉求表达出来，我经常会为自己的情绪和感受找原因。我承认，更多时候我都是在说些不好的事情。结果就是，有时我会觉得周围人很讨厌我，会认为他们觉得我抱怨太多，或是我抱怨的事情根本不值一提，这常常令我陷入不快。因此，我尝试着先把这些都闷在心里，将这些负面情绪内化，或是全部留在看心理医生的时候表达出来！"

当我们向身边的亲朋好友倾诉烦恼时，他们会感到厌烦吗？答案取决于他们对我们的关心程度，以及他们自身的善良和共情能力。当我们觉得自己在他人眼中会是个爱抱怨的人时，我们就会避免对他们敞开心扉。对每个人而言，把问题说出来还是埋藏在心中，这种内化和外化之间的平衡十分微妙。

第五章

自我审查

"我们将真实的自我掩藏在面具后……但我们仍会在梦中邂逅最真实的自己……"

当我们开始投入一项新的活动，无论开展新的工作或培养新的兴趣爱好，与一位重要人物进行面对面交谈，还是走上一条全新的道路时，我们都需要做出选择，且往往是在两个选项中任选其一，非此即彼。通常，在一段恋爱关系中，这种选择蕴含特殊意义，而生活中的其他方面也是如此。我听闻有人声称他们不愿做出选择是"因为害怕失去一些东西"，不愿放弃另一种可能性。然而，如果不做出选择，我们就会失去一切：我们不可能预见自己的选择会带来什么，更不可能做出详细的计划部署、最后去一一体验，并在自己选择的道路上不断发展、获得提升。画家、雕塑家阿兰·布雷表示：决定去选择，就是决定去创造。

除了这个原因，我们很难做出选择的另一个原因在于，过度重视他人的意见、评价、建议，以及他人或多或少强加在我们身上的约束、规则或对我们进行的道德绑架。

很多职场人士不敢大胆遵从内心的选择，从事适合自己的工作，反而会被身边同事的谨小慎微影响，或被亲朋好友说服。他们不敢离开令他们感到不适的工作环境去选择更适合自己的。

几年来，布莱恩一直都想要离开他目前所在的这个律师事务所，他也是这里的联合创始人之一。他之所以想要离开，是因为他在现在的工作环境中感到无所适从，觉得自己的职业发展停滞不前，疲惫不堪等。因此，他背上了沉重的精神负担，很难独立开展工作。随着心理治疗的进行，他意识到，父母年事已高，自己也害怕离开这里之后找不到更好的工作，这些因素都比他内心真正的喜欢更重要。于是，他选择等待，不表明自己的态度和愿望，只要不让他的合伙人知道他的真实想法，在离职谈判时双方就不会陷入僵局。他变得越来越拖延、爱抱怨、心情沮丧，这对他处境的改变没有丝毫助益。于是他后悔了，陷入了犹豫不决、进退两难的境地："我再也无法鼓起勇气了。"

我们想要满足他人的期待，不愿让他人感到失望、给他人造成困扰，更有甚者会认为自己不能背叛他人，这种背信弃义的行为是不可原谅的。这种奇怪的想法究竟是怎么产生的？

自我的选择或是他人的选择

你在做决定时是遵从自己的内心，还是需要听取和采纳别人的意见？针对这个问题，我在撰写本书的时候做了一些调查，得到了各式各样的答案，这些答案为研究自我压抑提供了有趣的角度。

"我会首先选择听从自己的内心"

有些人表示自己可以毫无困难地做出决定，并且不受亲戚或权威人士意见的干预，比如布兰丁。对另一些人来说，成年后远离家人，独自前往异国他乡，学会自己承担责任，这是他们获得自主选择权的重要方式。

玛蒂尔达说道："尽管生活在一个情感匮乏的家庭中，情绪和感受都要让位于是非道理，理性取代了感性；但自从我成年以来，我就在想方设法摆脱家庭的影响，自己做决定。事实上，背井离乡对我的帮助很大。我给自己规定了一些要做的事情，比如探望家人，但就我的个人生活而言，我只在自己已经做出决定或是这个决定已初步成型后才和他们沟通。"

从容不迫，三思而后行，做出决定后再考虑宣布或不宣布，这是培养自主决策能力的有效方法。

罗莎说："我的朋友们可能会对我的感情生活产生一定的影响，但我也不会根据他们的所说所想做出决定。而当某件事对我来说意义重大、不能放弃时，我会瞒着父母私下做出决定。"

最重要的是学会倾听自己的声音，尊重自己的感受、节奏和思想，坚持自己的观点。

克莱奥表示："我尝试遵从自己的内心，追随自己的直觉，聆听我的心脏和胃发出的声音。对于我的职业选择，我只相信自己。到目前为止，我还没有出过错。"

没错，一些研究直觉领域的英国专家们坚持认为，我们需要聆听的不是自己的精神或心理，而是"自己的心脏和胃"。因为身体器官会向我们即时发出明确的信号，告诉我们什么对我们有益、什么对我们有害。

虚假的"认可"

如果我们做某件事是为了取悦他人、追随大众潮流或遵从世俗的观念，那我们根本不会有内在的动力，即缺乏"内在驱动"。无论在开始时我们是多么努力，乃至竭尽全力，我们也坚持不了太久，很容易放弃。我们也无法实现真正的个人发展，感受不到自身存在的价值。

克莱奥继续说道："我非常需要他人的建议。当我谈及'他人'这个概念时，首先指的就是我的父母，其次是我的挚友，还可能是与我萍水相逢的人。我喜欢征求大家的意见，但就是因为采纳了过多的意见，导致我最后做决定时更加迷茫！"

她所说的这种情况更多地发生在爱情或友情方面，因为在工作中，她感受到了足够的自由，可以去选择她想要的东西。采纳过多意见的风险在于，不知道到底应该选择哪一个。尤其是如果过度谨慎，则会造成拖延，消耗我们的时间和精力，比如不能当机立断地否定不适合的事情。容易受他人影响的人通常会过度谨慎。

罗莎坦言："不能否认的一点是，我特别容易受到别人的影响，直到今天我才意识到了这一点。因此，我现在非常小心谨慎，避免做出那些以后会让自己感到后悔的、不适合自己的决定。于我而言，特别令我为难的一点在于，我母亲知道我做出这样的决定后，不知道会有怎样的反应，我根本不敢面对她。这常常令我不断进行自我审查和反思：只要母亲不赞成，我就不会去做这件

054 放过自己，允许一切发生：不比较，轻松而坚定地活

事。当然，也可能是我想错了，母亲会赞成这件事，但是我怎么能知道呢？"

自我压抑中最明显、最严重的方式之一就是自我审查，这种方式会让人们退缩，变得胆小，不敢尝试新事物，无法迈出第一步。此外，有些人掌握了"浅尝辄止"这种技巧：对于手头上正在做的事，他们保持着旁观者的态度，不肯下功夫钻研，略微尝试一下就停止，同时用"我就知道这行不通"的说法来安慰自己。这就好像我们做事情时有所保留，不去全力以赴是理所应当的！

"我不会因为做决定时听从他人的意见感到内疚，但我厌恶这些决定，因为我会有种中了圈套的感觉，我会认为是他人把意见强加于我，就会不由自主地对他们产生怨恨。"

我们征求他人的意见，然后不知道该做出怎样的选择。这是因为四周的声音太过嘈杂，导致我们不再能专注于聆听自己的声音，跟随自己的感受和直觉，听从它们传递给我们的信息。所以，**我们受的任何影响，都只是因为我们愿意被其影响，我们责怪别人的同时会更加自责。**

"我经常认为自己有过错"

当我们允许自己受到他人影响时，我们很快就会活在各种约束之下，随之而来的就是失去自信，总认为自己有过错。就像一个习惯了拐杖的病人，会认为如果没有了拐杖，自己就再也不能

走路了。我们还会不断核实自己做出的决定是否正确。我们在舆论的洪流中**沉浮**不定，处在一个随时都可能出现动荡，甚至充满敌意和威胁的环境中，逐渐丧失了自我判断力。因此，对决定可能会出错感到恐惧成为我们的常态。

对负面评价的恐惧

从玛丽安娜对自己的评价来看，她认为自己生性优柔寡断。她太重视他人对自己的看法了，畏惧他人对自己做出负面的评价，害怕他人对自己的言行举止持反对意见。

"我很在意他人会怎么看我，我时常对自己做出的决定持怀疑态度。我是家里年龄最小的，也是唯一的女孩，我有三个哥哥。我认为，做出决定之前，如果不向自己身边'年纪更大'或是'更成熟'的人征求意见，我就难以做出抉择。在某些方面，我对自己判断力的信任度微乎其微；而在其他方面，涉及私人领域或家人不擅长的领域，我能更加独立自主一些。"

挖掘出自己的兴趣和特长，然后不断将它们发展成自己的一技之长，我们就可以为自己找到一个支撑点，依靠自己的经验做出决定，而无须依赖他人、听从他人的意见或等待他人的许可。每当玛丽安娜听从他人的意见做出决定时，"听从"这个词对她而言就具有多种含义：要么她"听从他人的想法"，要么她"听从他人的安排"。她想要照顾到每个人的感受，希望自己做出的决定能让每个人都满意。这种倾向导致她踌躇不定，做决定时一拖再拖，最终她会感到内疚。

"当我不得不做出选择时，有时我会优先考虑他人的需求。这就是我优柔寡断的原因！当必须做出决定时，我倾向于大家达成共识，让每个人都开心，不让任何人掉队。在任何情况下都是如此，长此以往，我的第一反应就是自我怀疑，认为是自己的错，尤其在面对家人的时候。在我做出一些决定，而这些决定可能会让某个人感到失望时，这样的情况通常就会发生。所以，我一直迟疑不决，没办法做到直截了当。

"我的犹豫带来了更为严重的后果，同时我还有负罪感！"

总是想方设法取悦他人，害怕他人不高兴，尽量去适应他人。这种心态，会令我们在面对选择时不从自己的内心出发，而是根据他人亦真亦假的反应做出选择。同样，共情能力太强、同理心过剩可能也是其中一个原因。

同理心过剩

同理心是想象自己在别人的位置上并理解他们的感受、欲望、想法和行为的能力。这是一个创造于 20 世纪初的术语，可类比为"同情"。举一个同理心的例子：演员、歌手或舞者能够体会并充分表达出他们所饰演角色的感受。

我们会对某些人的经历产生共鸣，或对某种情境产生似曾相识的感觉。如果这种感觉过于强烈，我们在与他人的交往过程中就会过度投入感情，人际关系就会变成我们的一种负担且难以维系。

昂里埃特意识到她有过度投入的倾向。"我不知道该怎么说不。我周围都是些充满不忿和整天抱怨的人，他们总是有事情要征求我的意见。有时候我感觉他们的目光中带有一种强烈的攻击性，一种巨大的厌恶感，所以我就会远离他们让自己喘口气。但我不敢对他们说是他们自己的想法太过极端了，也不敢去阻止他们这样做。经常有人问我，既然我如此讨厌这样，为什么不改掉这个习惯？这是因为通过和他们的交流，我也受到了一些启发，能让我认识到自己的错误。所以我还是会去倾听他们、帮助他们、支持他们，以免遭受他们的责备或是产生自责心理。"

一个可怕的恶性循环由此产生，昂里埃特发现自己很难从中解脱出来，而自己恰恰是这个恶性循坏的维持者，却没办法亲手将其遏制。如果我们不懂怎样说不，没有建立起边界感，我们就会对那些冒犯我们的人产生一种怨恨和愤怒的情绪。然而这个恶性循环始于我们对自己施加的暴力——不懂拒绝，这会让我们深受其害乃至牺牲自我。

处在忘我、无私、奉献、盲目忠诚和自我牺牲状态下的人们，在勇敢尝试新的人际交往方式前，首先要学会保护和尊重自己。有些人想要了解如何才能不把帮助他人当作自己的责任，想让他人也重视自己的需求。前提是要学会建立明确的边界感，避免遭到他人的过度干涉。然后可以通过积极参与人道主义事业、做慈善、参加富有创造性的艺术、体育活动等，实现自己帮助他人的愿望。

通过不断的实践，我们能够从多次的失败和冲突中汲取经验教训。通过对这些失败和冲突的仔细观察，我们会明白自己秉持着怎样的人生信念，采取了怎样的人际交往模式。我们要去探索，是哪些人生信念和人际交往模式对我们造成了阻碍，甚至还会让我们感到内疚和自责，从而令我们萎靡不振，失去了原本应该有的活力。一旦我们发现了这些问题，就需要付出耐心并下定决心做出改变。同时请记得，舒适感可以让我们休息和放松，但如果想要彻底做出改变，将情况扭转，一味地待在舒适区只会适得其反。

通常，心理治疗是必不可少的。一方面是因为我们往往很难靠自己辨别出存在于我们人际关系或我们对世界看法中的，那些对我们自身不利的因素；另一方面，心理治疗能够帮我们了解如何做出必要的改变，同时在改变的过程中为我们提供支持。

第六章

我们对自己施加的暴力

"我们看到的并非事物的本来面目，而是我们所看到的事物的本来面目。"

——阿娜伊斯·宁 [①]（Anaïs Nin）

[①] 阿娜伊斯·宁，世界著名的女性日记小说家，被誉为现代西方女性文学的开创者。——译者注

　　针对上述话语，这里可以做出如下补充说明：我们会"按照自己的意愿"看待人和事，因为我们花费了大量的时间和精力来粉饰自己，为自己打造良好的外在形象以及发表与自身实际情况不相符的自我评价。更糟糕的是，我们还妄想其他人能够迎合我们的想法，变成我们期望中的样子，或是成为我们想要其成为的人。这严重阻碍了我们与他人的人际交往以及我们与自我的相处。在逐渐深入且漫长的心理治疗中，这些障碍就成了最难被克服的阻力，不仅束缚我们发明创造的能力，还阻碍我们开展一项活动或实施一项计划，甚至限制我们的个人成长与进步，禁锢了我们去获得自由和改变的脚步。因此，阻碍我们改变，造成我们失望和不幸的罪魁祸首，是我们自己。

形象的背后

　　在这些阻力中值得一提的有两种，而且这两者具备相互关联性：

- 施加给自己或他人的无声的暴力；
- 要求自己必须成为怎样的人。

我们是尽力让周围人尊重、钦佩自己，还是怜悯自己？也就是说，我们到底想要成为什么样的人。目前，媒体对"身份认同"进行铺天盖地式宣传，最常见的现象是给人贴上身份标签。这些标签似乎足以在他人面前树立我们自己的形象，给自己打造一个"人设"："我是个坚韧不拔的人""我是个敏感的人""我是自恋者的受害人"等，甚至兼而有之。

人们想要通过提升自己的社会自我[①]价值或在公众面前的形象，来获得好名声，接下来我们将对这种情况展开研究，同时探讨如何从自体表象[②]层面来认可自己的形象。

有些患者在第一次心理治疗期间自我评价为"是有韧性的人""是天赋异禀的人""是过度敏感的人"，当他们面对那些令自己尴尬的人时，会给这些人贴上"自恋者"或"控制狂"的标签。许多心理学界同僚对这类患者的观点并不赞同。他们认为，这类患者对自己做出的评价，是自认为有资格做出的自我诊断，实际上缺乏客观性，并不利于他们今后逐步发现自我和探索自身的人际关系模式。

很多人会选择利用失败、苦难、忧伤、放弃和悲痛这些负面情绪，给自己"贴标签"，好让自己被更多的人关注到。这些行为

① 在心理学中，社会自我是个体对自己在社会生活中所担任的各种社会角色的知觉，包括对各种角色关系、角色地位、角色技能和角色体验的认知和评价。——译者注

② 自体表象，又叫自我表象，是指个体与客体相处时，有关自我的精神表达。自我表象可影响个体对自己的评价以及在现实中如何发展或处理与他人和环境的关系。该术语源于客体关系理论。——译者注

印证了想要把真正的问题说出来有多么困难，因为在我们身处的这个时代，人们经常需要为自己贴上当下流行的负面标签，好让他人明白自己悲惨的境遇和生活的艰辛，或通过这种方法让他人接纳自己。特别是当一些心理医生和哲学家出现在媒体上时，也对这种标签化、流行语或说话技巧趋之若鹜。但这种方式解决不了任何问题。

减少对心理韧性的幻想

人们习惯与他人做比较，很难接受自己平凡普通、籍籍无名、没有头衔或荣誉傍身。

当然，我们要在这里探讨的问题并不是如何弱化心理治疗的重要意义，恰恰相反，心理治疗可以抚平我们内心的创伤，减轻我们的痛苦，具有重要的意义。这里我们关注的问题只是如何将自己从社会束缚的重压中解放出来，让自己能够独自承担和应对一切，勇于向他人表达自己的观点。如同你我一样的普通人，不一定能认识到自身具备的强大"心理韧性"，在面对变幻莫测的世界时，也不会用到这个词来描述自己应对风险的能力。

克莱奥表示："老实说，我觉得自己很幸运，没有经历过什么大风大浪。我可以很好地处理各种情况。尽管分手、失业会令我感到心烦意乱，但我仍然保持微笑，对生活充满希望，这是我前进的动力。"

如果不是被命运打击得一蹶不振，即使偶尔会变得脆弱，我们也能感受到内心强烈涌动的生命力，得益于这股力量，我们能够继续生活下去并成功渡过难关。这种生命力也可以引导我们帮助其他遭遇不幸或沉浸在悲伤中的人们。然而，尽管我们拥有美好的品德和丰富的资源，但在经历了磨难和痛苦后，想要重整旗鼓谈何容易。

玛蒂尔达说道："我的直觉很准，能感受到悲剧或冲突的发生，我会因此而感到悲伤或脆弱。在这种情况下，我更能依照自己的情绪，做出相应的行动。据我的亲朋好友说，我有极强的组织意识，做决定对我来说不算难事，所以当面对不幸、疾病或死亡时，我常常能为身边人提供很大帮助。可唯独在爱情上，失恋会让我感觉到自己没有办法重新振作起来，甚至产生极端的想法，我不明白自己为什么在爱情上做不到全身而退。最终，我越是避免让自己陷入悲伤，就越会感到痛苦。总体来说，妨碍我重新振作恢复的原因是失恋的打击来得太突然，而我根本不知道发生了什么。"

对大部分患者而言，他们缺乏心理韧性而无法重新振作起来，主要受以下三个因素的影响和制约：

- 过度的情感投入；
- 诸如悲伤之类的负面情绪排山倒海般袭来，令他们根本无法承受；
- 遭受过于残酷的打击，例如被告知分手或有人失踪之类的坏消息。

我们对外界刺激的敏感性越差，我们受到的影响就越大，我们表现出的心理韧性就越弱，会出现适应反应^①，尤其是在社交活动中。这并不意味着未来我们无法提升自己的心理韧性，我们需要依靠各种形式的心理治疗，改变一些适应不良、与情境不相适宜、功能失调的反应。

人际关系对心理韧性的影响

有些人坚持认为，时间是治愈一切的良药，随着时间的推移，我们会忘记痛苦，重新出发。这种观点当然也很合理。当遭受重大打击时，我们会失去希望、心情忧郁，而我们的躯体、神经系统和激素受到情绪干扰后，身体平衡会被打破，出现失调现象。

玛丽安娜表示："在很长一段时间内，我都会感觉一件事在持续影响着我。这导致我很难把注意力和重心转移到另一件事情上，对此我感到十分沮丧。所以，我认为这会对我的心理韧性造成损害。而当有些东西真正触及了我的心灵深处时，我就会在很长一段时间内切实地感受到它的存在，它会郁结在我的腹腔、胸腔或喉咙里。幸运的是，一些真正的悲剧从未在我身上发生过！有时，

---

① 适应反应是指当周围环境发生迅速变化（即刺激）时，机体组织或器官最初迅速发生反应，而随着时间的延长，到最后反应减弱或不再发生反应的现象。——译者注

面对我遇到的困难（分手、丧亲、争吵、屈辱……），我觉得自己
需要比'平均时间'更长的时间才能重新振作。无论如何，我需
要的时间通常都比其他人或与这件事有关的人要久。而且我会选
择说出来，不害怕承认自己受到了影响，我认为与说出来相比，
隐藏是件更困难的事！总之，即使有时我会重新回忆起这件事并
感到悲伤，最终我也还是会摆脱它的影响。"

敏感的人往往会给人一种印象，那就是他们更善于表达自己
的情绪，对外界的刺激会做出更强烈的反应，因此也会更容易受
到影响。但实际情况并非如此，说不出口的伤才是最痛的。

此外，我们有时会意识到，要想挽救一段关系，我们需要在
力所能及的范围内尝试各种方法。只有在穷尽一切可能的情况下，
我们才能接受最终的悲惨结局。

布兰丁表示："我无法对一段恋爱关系进行冷静处理。我需要
明白自己已经竭尽所能了，但结果还是不尽如人意，这样我才能
抽离出来，将注意力放到另一件事情上。那些一言不发便从我的
生活中消失得无影无踪的人，我永远都会记得他们。偶尔，我不
愿承认这些有问题的恋爱关系已经结束了，即使我们彼此已经断
联了很多年，我也会幻想那些离开我的人和我之间仍存在着某种
特殊联系。"

一段亲密关系结束后，人们通常会在很长一段时间内认为自
己和对方之间还存在着某种内在的关联。不管人们是否有意维系
这种关联，都会利用它来减轻自己的被抛弃感，或者直接否认对
方抛弃了自己。除非我们是主动放弃这段关系的一方，是我们自

己主动离开那些不支持我们的人或是结束一些合作项目。

罗莎说道："只要我有被支持的感觉，我就不会气馁。如果我开始了一个项目，但我不认为跟随我的人也对这个项目充满信心，我就会放弃一切。同样，当我说话时，如果我意识到对话者或者听众对我的发言不感兴趣，我就无计可施了，而且说话会变得支支吾吾，我的发言也会变得支离破碎。"

人际关系建立的基础是学会倾听、善于捕捉信息、能够吸引他人且令他人保持注意力。这也解释了为什么我们倾向于和那些善于聆听我们，或者给我们留下"他对我感兴趣"的印象的人建立联系。

归根结底，我们的人际关系充满了戏剧性，后面我们就会慢慢发现原因。如果真的要讨论心理韧性的话，我们必须认识到人际关系体现在方方面面，无论在社会上还是在集体中。我们在治愈创伤的过程中会发现，心理韧性不是一种个人品质，也无法在人们孤独的时候发挥作用：只有在我们和他人建立联系、相互依存和扶持的情况下，心理韧性才能发挥作用①。

心理退化

每当看到有人身上出现心理退化的现象时，我都会感到十分

---

① 塞尔日·蒂斯隆强调了这一基本事实。请参阅 *La Résilience*, PUF, 2021；以及 *Mort de honte*, Albin Michel, 2019.

震惊：这种现象的力量如此巨大，它会令人们失去判断力、否认显而易见的事实和科学研究的发现，并对已有的经验视而不见。

例如有些人声称自己是"高敏感人群"并且"有强大的心理韧性"，然而通过日常观察、临床实践和研究，我们可以清楚地看到：实际上，高敏感人群"抗压能力"较差，他们会比较脆弱，也没有过多的抵抗能力[①]。相反，心理韧性较强的人通常没有那么敏感，甚至会有些迟钝。这是因为，为了更好地生活下去，他们已经丧失了一部分敏感性。此外，还有一类人属于"心理韧性过强"，他们会试图全副武装对抗挫折和打击，并认为"这还不算太糟糕"，这样做无疑是有害的。

塞尔日·蒂斯隆凭借他的勇气和诚实，花费大量时间详细解释了几十年来他自己如何成功地保持心理韧性[②]：压抑自己痛苦的记忆，否认那些不可避免的羞耻感，掩饰内心的愤怒，无视父母或祖父母的主观立场并指出他们的错误等。

在此，我不想再针对这些可靠的科学数据展开进一步分析[③]，我只是想提醒那些极度敏感且**自我意识过剩**的人：与其他人相比，他们面对风险时更加难以自控，而且不能将风险降到最低，通常也需要更多的时间来摆脱困境。

---

① 这并不意味着这些人在各自的生活中不能获得成功，相反，这正是所谓的"有利敏感性"。*Lettre ouverte aux âmes sensibles*, Larousse, 2019.

② 请参阅前文注释提到的 *Mort de honte*。

③ 请参阅 Saverio Tomasella, *Désubjectivation, resubjectivation et résilience collective en situation de catastrophe* (thèse de doctorat), Université de Paris, 2016.

因此，我想以最近发生的一件事为例，向大家强调一点：人生的每一次选择，都会对我们的未来产生重要影响。

我能为自己做什么？我该怎样对待自己

范易谋（Emmanuel Faber）是法国达能集团前首席执行官，他是一位非常人性化、富有创新精神的领导者，周围的人都对他赞赏有加。而他对自己身份的定义是：气候和社会活动家。他与传统意义上的领导者不同，多年来，他一直试图使企业管理更加人性化，同时他还强调要尊重差异、环境、人力资源及自然资源。他对权力和领导力做了明确区分，认为后者本质上能够对创新起到巨大推动作用，但这在公司内部并未形成一种共识。他承认自己的观念与主流观念不符，他一直为此困扰，但他选择绝不妥协，并亲自践行这些观念。

这个不被理解的边缘人热衷于反抗权威，敢于**展示自己的独一无二**。他深信世界需要有人敲响警钟，与不公平做斗争。此外，他认为，人们应当敬畏生命，而且要从事对气候有利的活动。他提倡言行要真实并遵从本心，还制定了一系列的规章制度。他认为，人们要学会倾听、要不断学习、要换个角度看世界，一起憧憬美好的未来。

他内心的信念很明确："人们都说想要不断发展，就需要建立一个强大的心理保护壳或精神支柱，支撑着你往前走。但我自己

是不相信心理保护壳的①。"然而，大多数情况下，那些希望拥有
心理韧性的人，已经为自己建立起了一个结实、可靠、有效的心
理保护壳，虽然可能只是偶尔有效，但无论如何这个壳会保护着
他们，但同时也阻碍着他们做真实的自己，让他们不能完全感受
到生活中的乐趣，妨碍了他们与他人和世界建立联系。

为我们自己和我们的未来做出正确的选择

那么我会为自己选择什么呢，一个心理保护壳还是一个精神
支柱？

我们为自己的内心打造了拐杖、铠甲和盾牌，用来进行自我
保护和防御，但实际上，它们对我们自身产生了负面影响。因此，
我们是时候将它们统统抛诸脑后，去寻找一个属于自己的精神支
柱，信任它并不断地强化它，让它为我们提供持续的精神支持。
我们也是时候放下对他人的控制，不强迫他人遵从我们，正所谓
"己所不欲，勿施于人"。否则，这只会阻碍他人的发展和削弱他
人的能力，而不会使他人获得自我解放，对他人的成长、提升和
自我实现而言更是毫无益处。

即便你是心理韧性这一概念的拥趸，也请你思考一下，在保
持自己敏感性的同时与他人建立联系，或许你会因此变得有些许

---

① David Barroux, Nicolas Barré, « Emmanuel Faber : Mon éviction de chez Danone
relève du théâtre », *Les Échos*, 7 mai 2021.

脆弱，但却更加充满活力，更能享受到生活中的乐趣，这难道不是好事吗？少一些自我保护、自我控制，不过度注重在周围人心中和社交网络上塑造自己的形象，岂不是更轻松吗？不要再自命不凡，让我们采取最令人感到舒适的表达方式，卸下自我防御，摒弃那些时髦的称谓和荣誉称号，真正做到与心灵深处的自我和谐相处，岂不快哉？

　　如同加拿大医生塞尔日·马奎斯强调的那样，我们最终谈到了心理退化这个问题。人们被强迫进行自我发展和培养心理韧性的时代即将终结，我看到很多人为之欢欣鼓舞，感到如释重负并长舒一口气。幸好我们还能享受生活！是的，我们将能够与他人成为伙伴并融洽相处，我们会发现：快乐其实很简单。

第七章

完美是不可能的

"不幸的是，由于生长在崇拜优秀的环境中，人们很难做好准备去接受日常生活中的马马虎虎和得过且过。更糟糕的是，这种对完美的要求有时会导致自我憎恨或自我鄙视……对完美的渴望是人性的公敌。"

——塞尔日·蒂斯隆（Serge Tisseron）《耻辱之死》

如果我们必须放弃创造力，遵从完美主义或优秀的标准和要求，那怎样才能做自己、更好地了解自己呢？

起初，我想把这一章命名为"完美主义的毒"，因为经验证明，完美主义是多么致命；后来我改变了主意，因为我认为在谴责完美主义对我们每个人的生活造成的破坏前，有必要先强调完美的不真实性，其本质是一种幻想，是不切实际也不可能达到的状态。

完美并不存在，它只是海市蜃楼，是一种幻觉、概念、理想或注解；除非你相信某些主流观念倡导的：不管发生什么，"一切都非常完美"。

当我们遇到极度困难的情况时，我们会自然而然地采取一种保护机制。事实上，生物在本质上都是**脆弱的**，对于一些事情我们会难以忍受：实际上这些事情本身就已经超出了我们的承受范围。在这种情况下，我们的神经系统自主关闭了敏感性，这样我们的身体就不必承受超出能力范围的痛苦。这是我们机体的一项智能化功能，是身体智慧的多种表现形式之一。

无论得到坏消息、受到打击还是遭遇创伤，在经历这些痛苦的事情后，我们都渴望能回归自身的感受和体验，重新发现完整而本真的自我。只要我们所处的自然和人文环境允许，这就完全有可能实现。然而这种情况十分鲜有，原因是什么呢？那就是，社会运转在很大程度上由随机性支配，这会促使我们更倾向于追求效率和生产力，然后我们就会进入一种近乎疯狂的快节奏中；这种快节奏远远超出了我们能够承受的范围，导致我们不可能乐在其中，进而阻碍我们的个人发展，甚至令我们无法保持健康的状态。

认清现实的本来面目，了解自身会经历的灾难和需要承担的责任，这对我们而言是件多么痛苦的事。我们发现自己无法生活在真实中，也无法倾听自己从真实中感知到的一切。因此，相比因现实的打击而遭受痛苦，我们更愿意去适应完美主义这套体系。我们将完美主义强加于自己和他人身上，并将它贯彻到底。

优秀的危害

凡事都想要尽力做到最好会阻碍我们的成长。因为害怕结果不完美，我们会犹豫要不要开始做一件事，其结果是我们会丧失实现目标、获得成功的动力和主观能动性。日常观察及神经科学领域的相关研究都证实了这一点：当我们的大脑优先发挥"自我监控"功能时，它保证我们不会想到什么就说什么、想干什么就干什么，这会导致我们丧失激情、创造力和娱乐的能力。而当我们进行创造性思考时，大脑就自动关闭了对新想法的抑制功能。

在长达几十年的精神分析和实践中，在我的印象里，基本上所有患者都会被完美主义绑架或是深受其害。完美主义对他们造成的伤害体现在多个方面：传统观念、意识形态、科学、技术等，当然还有外貌。

我们要认识到，每一种完美主义都会导致人们出现一系列不良情绪，比如恐惧、担忧、犹豫和自卑。此外，还需要谨记的一点是，我们越是因为不完美而感到遗憾、后悔和自责，就会**离完美越来越远**。我们责备自己没有做到尽善尽美，没有达到预期的目标，我们还会认为自身的不完美是不可原谅的。如此一来，我们会背负着越来越沉重的负担和越来越多的责备，感到精疲力竭，变得更加脆弱和焦虑。

我们不妨花些时间去探索典型的完美主义究竟是什么，我们会看到，完美主义不仅极力推崇优秀和伟大，还强迫我们必须做到，这严重影响了我们的自我平衡[①]。

每个群体或家庭都是一个独立的系统，这个系统中存在着规则、规范、信仰、冲突和禁忌，它们规定了我们做什么或说什么、不做什么或不说什么。当我们融入一个群体或一个新的家庭时，为了适应，我们还需要去了解这个系统的运作方式，遵守良好的集体规则，同时提防其不合理之处。

如果一个系统追求不切实际的完美，那么无论通过个人的还是集体的方式，系统中的成员都被强加上了一组约束性极强的代码。通常，这些群体中的人，不管是出于个人原因还是习惯使然，都会抵触新鲜事物。例如，面对新的想法和做法，或团队中注入

———————————

① 平衡是皮亚杰认知发展阶段理论中的关键概念，是指不断成熟的内部组织和外部组织的相互作用，是心理发展中最重要的因素，即决定的因素。——译者注

了新鲜血液，特别是当这个新人有些自己独特的见解或表现出异于常人的特点时，群体中的人很快就会开始设想自己正处在危险的边缘。

缄口不言成为在这种环境下生存的艺术。在崇尚完美主义的系统中，人们不会与他人分享自己的情绪，尤其是那些被定义为"负面"的情绪，但这种定义本身就是不合理的。因此，"从不解释，从不抱怨"是这类人群挚爱的格言之一。实际上，所谓的"负面"情绪并不存在，每一种情绪都有它存在的意义和价值，因为我们所有情绪的背后，都包含着未被满足的需求。只有某些极端病态的人群，例如变态、偏执狂、反社会者或精神病，他们表现出的情绪才会被人们否定，这主要是因为他们的大脑中负责控制冲动和情感的部分存在生理缺陷。由于控制不足，才会导致他们将情绪一股脑地宣泄出来。丧失情绪表达能力是非常严重的事：这不仅不利于我们建立人际关系，还从根本上损害了我们的健康和生命。这是一种危险的心理模式。

即使主流观念尽力粉饰完美主义，在更严重的情况下，完美主义也可能会导致厌女症、种族歧视和对人，尤其是对孩子的不尊重。从伦理的角度来看，无论针对肤色、社会出身、习俗还是针对其他因素产生的任何形式的排斥，都是不被接受的。在现实中，这些排斥具有彻底的伤害性和破坏性。它们不可避免地导致人们对既定事实的否定、蔑视和污名化，同时以欺凌、制裁和惩罚的形式表现出自己的残忍。在这样一种环境下，人们想要茁壮成长，获得持续健康的发展难如登天，甚至根本不可能。因为人们一旦被他人排斥，就会因此产生仇恨心理，这种仇恨具有极强的破坏性，甚至是毁灭性的。因此，最好的做法是，我们要保护自己免受这些排斥的伤害，最重要的一点是要远离它们。同样，我们也应尽量对各种形式的排斥进行批判，使这些问题逐步得到解决。

最后，完美主义者对他人极度挑剔，甚至会表现得尖酸刻薄。极度的完美主义不仅无法给人们提供安慰和支持，反而助长了残酷无情的竞争。如果连朋友和家人都不支持我们，那么还有谁会支持我们？从稚嫩的青葱岁月起，我们就期望自己的亲朋好友能够支持我们、欢迎我们、接纳我们、认可我们、尊重我们，如果可能的话，他们最好能一直用爱包容我们。然而，鲜有家庭或群体能够维持健康和平衡的发展，为我们提供这些基本的支持和尊重。奉行完美主义的系统能提供给个体的支持显然寥寥无几，它们对所谓的"优秀"趋之若鹜，生存在其中的个体则被限制了个人的自由发展。

事实上，这种环境会阻碍其成员参与激励性的活动，尤其是那些具有自发性、能够为人们带来欢乐、充满热情的活动。事实证明，在这种环境下，一个人很难甚至不可能持续展现自己的独特性。

改变现有局面和衡量标准

若想持久地展现与众不同，我们不妨尝试脱离令人窒息的环境，另辟蹊径。的确，当一个人不再执着于完美时，他也就不会被过高的要求压垮，反而更容易开始从事一些利他的活动或捍卫一项事业，也更容易让自己的人生变得精彩。

公众参与

多年来，罗莎自愿投身于"零浪费"的环保实践活动中。

"我真的很喜欢这种环保活动的规则，因为这些规则是基于简单直接的人际关系原则设立的，比如我们最好购买当地的新鲜农产品和手工产品等。我把这项活动看作一个游戏：每天我都在寻找新的技巧和方法，试图一点一点地减少自己造成的浪费。这实在是太有趣了！我从中感受到了真正的快乐，因为我周围都是漂亮、优质的产品，我理解它们包含的真正价值。另外这也是一种极简主义，因为我们的想法是只购买自己真正需要的东西。"

在环保领域，罗莎也不是个完美主义者，她从来不标榜自己是一名"绝对的零浪费者"。有些人很快就会因为做不到不产生任何浪费而感到内疚，罗莎则不想踏上这些人的老路，经历这种过程。

"我没有这样的顾虑。实际上，我并不相信什么公众参与，这也许有些自相矛盾。我不认为我的零浪费生活方式是一种政治参与或公众参与：我之所以这样做是因为我喜欢，而且我发现采取这样的消费方式更加合理。"

　　放心吧，罗莎明白，她做任何选择都无须说服别人。当一位朋友送给她一个带有很多包装纸的礼物时，她很高兴，高兴的原因也很简单，就是朋友想到了她，仅此而已。

　　自从在巴黎生活和工作以来，玛蒂尔达越来越多地参与到一些人道主义事业中去。此外，当她回到家人身边时，他们之间往往会因此爆发对抗和冲突。"我来自一个右翼家庭，我的家人要么是军人，要么是企业家。但我没有受他们的影响，相反我总觉得与他们格格不入。"

　　玛丽安娜补充道："我经常会采取一种非激进的、相当有教育意义的方式谈论女性遭遇的一些问题。因为我来自一个有很多男孩的家庭，很长一段时间内，我自己都浸染在大男子主义的环境中，所以我十分关注成长环境和我相似的人的情况。"

　　玛丽安娜和玛蒂尔达曾多次在不同程度上成为上述问题的受害者，因此她们对此感触颇深，并确定了自己的奋斗目标，那就是她们想要在自己生活和工作的这片土地上以及世界各地弘扬尊重女性的理念。

帮助年轻人找到方向

归根结底，发表上述言论的人们并没有谈论公众参与本身，因为他们不是协会、社会团体、政党或工会的成员。然而，他们也关注到了一些社会问题。起码，他们试图在自己的私人圈子里、在与他们的朋友、家人的相处中，甚至在工作中捍卫自己的观点。

玛丽安娜解释了她是如何进行公众参与的："在我的讨论组中，经常会有人告诉我，我正在扮演魔鬼的代言人。我想说的是，无论我身处哪个圈子，公众参与对我来说就是提出问题、提供不同观点和保留自己的意见。"

许多人会将这种态度算作一种公众参与。

玛丽安娜说："我会时不时参与一些社会活动，最近参与的是关于气候和反对暴力的社会活动。"另外，只要是与年轻人教育有关的活动，她都会参与。"我有很多教师朋友，我自己也做过很多学业辅导工作，我深信，教育年轻人了解媒体、社交网络的重要性以及培养他们的批判性思维是很有必要的。我支持在学校内开展即兴戏剧创作，因为我很清楚这样做的优点。我想丰富面向年轻人的活动类型，比如，在青年及文化中心工作，提供即兴课程、新闻课程，主持辩论赛。不过我还没有真正下决心去做这些。"

对另一些人来说，他们的公众参与主要体现在自己的工作或业余生活中。

克莱奥说道："我主要负责面向青少年的新闻报道工作，加深青少年对种族主义、性别歧视、骚扰、肥胖恐惧症等重要问题的认识……传递美好的价值观是我心之所向。同时我也通过给年轻人授课，积极回应那些给我打电话或与我谈论自己经历的年轻人，向他们传递好的价值观。我总是尝试着向他人伸出双手，就像我也希望他人能帮我一把一样。偶尔，确实会有人对我伸出双手。"

克莱奥很遗憾没有更多地参与到环保和气候事业中。她是缺乏动机还是不够关心这项事业？她是没有更多的精力，还是没有足够的时间？也许，环境变化导致人们产生逆反心理也是原因之一。

"一方面，我采取了一些小的行动，尝试着去找到自己所做之事的意义和价值；另一方面，尽管我有一位热衷政治的母亲，但我还是对政治漠不关心。从我很小的时候开始，母亲就对政治非常热衷。但我喜欢坦诚，我需要对他人充满信心等，然而，这些根本不是我从政治中能得到的启发。"

更重要的是，克莱奥坚信，她的公众参与以一种基本又必要的方式，体现在她的生活以及与他人和世界的相处中。

"对于一些过得不好的朋友、我的父母或是需要帮助的人，我试着在他们需要我时及时出现。我从年轻的时候就一直是这样，尤其是当我父母身体不好的时候。但我也学会了在无能为力时让自己抽离出来，尽量避免为了帮助别人而过度消耗自己。"

那么，我们到底是应该选择投身一项事业，寻求个人发展，还是选择帮助他人？当然，每个人都有自己的选择，都会按照自己的方式和节奏去生活。在权衡过可能性、时间、精力和动机后，我们会在能力允许的范围内给出自己的答案，因为强大的内驱力才是表达自我独特性的可靠保证，而非完美主义。

第八章

情绪的力量

"接受死亡对我们来说是种解脱，因为我们不再无端消耗自己肉体和精神的力量去掩盖和逃避死亡。我们保留着所有的精力和资源，将其投入更有价值的东西：那就是生命。"

——热拉尔·阿贝菲尔多尔菲[1]

（Gérard Apfeldorfer）《直面生死》

---

[1] 热拉尔·阿贝菲尔多尔菲，法国精神科医生和心理治疗师。——译者注

面对权威，我们越是服从，就越是盲目，我们做选择时也会受到重重阻碍。同样，我们也无法做真实的自己、实现自我，不敢打破常规、发挥创造力、表达自身感受，甚至无法遵从内心、根据自己的自由意志来做出最佳决定。

我们会根据过往的经验，同时考虑自己将要做出的选择会带来的结果，最终主要通过两种方式做出选择：第一种是根据客观条件，我们会考虑便利性、经济条件、地理位置等，基于这些现实情况貌似轻而易举地做出最终选择；然而，很多选择并不是单纯考虑客观因素就能轻易做出的，这就引出了第二种方式：把感性和情绪作为选择的动机和依据。因此，我们可以说这些选择是主观的，尽管它们看起来很不合理，但是它们是基于我们的感受和直觉做出的。不过，一个决策带给我们自身的影响越大，非物质因素尤其是情感因素就显得越重要。所以，我们最好能付出一些时间成本来考虑自身的感受，而不是刻意回避或隐藏它们。否则，如果我们仅依靠客观因素和现实情况做出决策，我们迟早会不可避免地发现这些决策带来的结果不尽如人意。

在现实生活中，我们大多数时候倾向于根据自认为"合理"的理由做出决定，但这会对我们的情感和直觉造成伤害。怎么会如此呢？事实上，我们是否真的能够做到相信自己的感觉，聆听身体通过感官和情绪向我们发出的信号，识别和感知自身的这些情绪和感受,并将它们完整表达出来?对某些人而言,这些问题的答案似乎是肯定的,但对其他人来讲却并非易事。这完全取决于我们遇到什么样的人和情况,以及我们想要向他人倾诉哪种感受。

轻而易举

我们在心理治疗和个人发展的过程中面临的主要挑战是如何脱离心理层面的理论知识,沉浸式地感受自己的现实生活。此外,我还发现一些关于情绪的理论知识和演讲对解决实际问题而言往往是杯水车薪。这些理论知识只为我们提供了概念,为我们讨论情绪这个话题提供了一个机会,却不能指导我们过上更好的生活。情绪是个体对客观事物和情景的主观态度和体验,因此我想要研究人们在自身受到限制的情况下感受情绪的能力。为此,我收集到了一些立场不同、具有启发性的观点。

对坦诚相待的渴望

多数情况下,坦诚、追求真实和直率的人会认为他们很容易感受到自己的情绪,这对他们来讲并非难事,并且他们不会去刻意隐藏自己的感受和情绪。

克莱奥就是这样的人，她表示："我很乐意把自己的感受告诉每一位朋友，比如我会发自内心地说'真高兴见到你'。当我感受到悲伤的那一刻，我会非常难过。我发现，在恋爱关系中，一旦我内心产生了一些感受，我就很难去隐藏它们。例如，我是一个经常说'我爱你'的人。我没有办法撒谎，我需要完全地开诚布公。诚实是一种良好的品德，我喜欢与他人坦诚相对。有时候，我认为这样会让自己吃亏，我应该三思而后行。"

在一段关系中，个体之间的个性差异会导致彼此之间的不适应，人与人之间会产生误解，人们难以互相体谅。这种情况在任何一种关系中都会发生，尤其是当我们与那些不善于表达自己的人相处的时候。

难以与人分享的感受

当一个人感受到了轻松和愉悦时，他会更加倾向于和别人交流分享自己的感受。反之，如果他觉得痛苦和伤心，他可能会倾向于忍耐和自我封闭。

罗莎说："我的朋友们对我最多的评价是很热情、很开朗，他们非常喜欢我的这个性格特点。的确，我发现自己很容易将自己愉悦的感受表达出来，我经常会用力地大笑！我真的笑得很大声也很频繁！然而，我很难表达自己痛苦的感受。不过经过一段时间后，我已经做出一些改变了。总体来说，在与他人对话时，如果我的情绪不涉及正在与我交谈的人，我会更容易把这些情绪表达出来。"

当我们因为某个人感到悲伤或难过时，为了自我保护，也为了保护这个人，转而向第三人倾诉自己的感受对我们而言会容易得多。然而，无论我们如何谨慎、如何注重分寸的拿捏，在受到爱的激情和情感力量的冲击时，我们会把克制抛诸脑后，情绪和感受会如同无法抑制的洪水一样从我们内心的堤坝中倾泻而出。

"在爱情中，我属于那种在对方面前无所不言的类型，哪怕事后我会落荒而逃！

"我很不喜欢不清不楚的暧昧关系，我认为这会带来很多麻烦，我更喜欢尽快把事情都说清楚。"

明确告诉对方自己的感受，这通常代表着我们需要高度投入这段关系。这种表达是非常有必要的，因为只有在表明了双方各自的意图后，这段关系才能平稳持续地发展下去。

情绪管理的三个阶段

以下是学会情绪管理的三个阶段：

1. 学会感知自己的情绪，和感受建立联系；

2. 学会辨别和审视自己的言行举止；

3. 学会为自己的情绪和感受命名，然后将它们清楚地表达出来。

事实上，我们会发现，第三个阶段是建立在前两个阶段的基础之上的。从幼儿园时期开始，我们的情绪管理能力就应当在家庭和学校中被逐步培养起来。

玛丽安娜解释道："我很容易就能表达出自己的情绪和感受，我能感受到自己与它们的联系十分密切。我可以很好地辨别出它们，我的成长环境对我的这些情绪和感受的接纳度很高。在我的孩提时期，我的父母就开始从事心理治疗方面的工作，我经常和他们聊天、沟通。因此，大多数时候我都很难抑制住自己的情绪，宣泄情绪对我而言很容易。"

然而，我们主动表达出的情绪并不会轻易被他人接受。

"有时我会责怪自己的情绪突然出现，不分时间、不分场合。有一些情绪我很容易去表达，有一些却很难。悲伤和快乐是我能够相对自如地表达出来的情绪。同样，我也很容易表达出对某个人的好感或询问他对我是否有好感。"

即使表达自己的情绪和感受看起来似乎是件很容易的事，我们也通常会在将它们表达出来之后感到不安，这会导致我们不愿过多暴露自己的内心，尤其是面对不太亲近的人或是不够友善的听众时。因此玛蒂尔达意识到，她不愿意透露自己内心深处的一些感受，比如愤怒或羞耻[①]。她不敢展现真实的自己，因为这会令她深感无助和脆弱。

"对我来说，表达爱、认可、感激等有价值的情感同样很困

---

① 关于羞耻的内容请参阅后文。

难，甚至比表达负面情绪更难。当我表现出这些情感时，我会感到脆弱，还会有亏欠感。我认为，要想在情感表达上有所提高，除了在坚持自我的道路上勇往直前，我们还需要有能够理解自己、宽容仁厚的人的陪伴，因为那些'有毒'的人带给我们的痛苦远多于欢乐，他们带给我们的负能量会导致我们像牡蛎一样把自己关闭在壳中。"

那么，当我们和他人分享自己的情绪和感受时，会觉得"亏欠"他人吗？我们每个人的生活中都有各种各样的人际关系，我们也面临着它们带来的风险和挑战：从亲密关系中，我们能够看清自己的内心，明确自己的需求以及渴望；我们也认识到了自身的弱点，明白了自己在他人眼中看起来是多么脆弱。一个普遍的观点是，如果我们将真实的自我展现出来，那么我们的弱点就会无处遁形，并且他人会以此作为要挟，随意摆布我们。当我们面对着那些怀揣恶意、想要控制别人、厚颜无耻的人时，这种情况确实会发生。当然，我们的大脑中会留存着这段记忆，我们会记得他们曾对我们表现出的恶意。于是，这段记忆会促使我们采取预防措施来保护自己，有时甚至会使我们过度警觉。

这就是为什么我们一定要在家庭、学校、工作场所创造一种充满关怀的氛围。这种氛围也有利于我们培养真正的同理心，促使每个人都能轻松自如地表达自己的情绪和感受。

困扰我们的情绪

在某些情况下，我们无法顺利地表达自己的情绪。例如，当我们有一些不满情绪时，我们会很难将它们发泄出来。另外，作为群居动物，我们会担心自己表达出某些情绪后会被群体中的其他人看不起。事实上，确实有一些家庭和社会群体难以容忍负面情绪，他们会鄙夷愤怒、质疑悲伤、遮掩羞耻。

否定愤怒情绪

在不同的神话中，都不乏讲述诸神之怒的故事，这些故事既生动又有趣。但奇怪的是，西方社会却不接受愤怒这种情绪。尤其是那些西方社会主流观念的拥趸，他们要求人们讲话流畅、态度得体、分寸恰当。他们对愤怒情绪横加指责，并要求人们去"控制"自己的愤怒，要么把它放在心里自己慢慢消化，要么就是简单地否认自己的愤怒。也就是说，无论如何我们都一定要让愤怒消失。拒绝表达自己的愤怒会使人们的应对方式变得越来越单一。

玛蒂尔达意识到，她属于难以表达愤怒的人："虽然我正在慢慢做出改变，但是我仍然很难表达自己的愤怒情绪。其中最难的部分在于，承认自己的愤怒。我认为自己经常会感到愤怒，对这一点我十分确信。当我不知道怎么控制自己的情绪时，我就会感到愤怒，这个时候我就会感觉自己像个孩子一样喜怒无常，所以我很难去面对自己的愤怒。我会进行大量的复盘和思考，会越来越频繁地进行自我反省，认为自己'不应该'生气。"

当我们觉得自己"不应该"生气，认为感到生气和愤慨说明自己"幼稚"时，我们就会深感不安和痛苦。我们很可能就会责备自己，陷入无穷无尽的内疚。最终，当我们内心长期积攒的愤怒到达临界点时，它就会如火山爆发般喷涌而出。

玛丽安娜吐露了心声："不管是自己的愤怒还是他人的愤怒，我都难以接受，因为这种情绪会令我觉得不舒服。我个人更倾向于把愤怒隐藏起来，但它可能会突然爆发。然后我就会因此责备自己，特别是当我的愤怒惊吓到或伤害到他人时。我甚至会进行自我攻击，认为这一切都是我的错，会对自己很愤怒。虽然我相信，随着时间的推移，我能够更好地驯服自己的愤怒并将它平息下来，但这种情绪还是会令我感到困扰。"

学会耐心地驯服自己的情绪，管理自己的愤怒，做到具体问题具体分析，这种方法看似有利于我们保持情绪稳定，有利于我们与自己的情绪和谐共处，有利于我们更加尊重自己的感受。然而，当我们对自己的愤怒情绪产生羞耻感时，我们就会感到不舒服。我们不仅在面对他人时会感到尴尬，在亲密关系中也会感到局促不安，我们不知道自己如何才能摆脱这种羞耻感。

"我经常能体会到强烈的羞耻感，它给我带来了很多麻烦和困难，而且我很难将这种感觉说出口。"

有时候，我们出于谨慎或为了避免感到羞耻，比起说话，更愿意以写作的方式来表达自己的感受。我们对自己感到羞耻，**对自己的感受**也感到羞耻，这会令我们极度痛苦。根据经验，我观察到羞耻感往往源于其他强烈的感受和情绪：羞耻感会介入其他的感受和情绪，令它们更加复杂[①]。

恐惧是一种最基本的感受吗

痛苦等不良情绪或那些突如其来的负面情绪也会唤醒我们内心深处的恐惧感。例如，我们有过在群体中被排挤和孤立的经历，那么在这些情绪的影响下，这种创伤带来的痛苦可能会重现，我们也可能会陷入莫名其妙的焦虑。

玛丽安娜说道："我的内心总是有种恐惧感，而且我会因此产生羞耻感，所以我很难把恐惧说出口。后来，我注意到我与朋友的许多争吵都是因为我们无法表达自己的恐惧，所以我逐渐尝试着把自己的恐惧表达出来。"

在一段关系中至关重要的一点是，我们能够准确而具体地说出自己害怕什么，或者至少我们能感受到恐惧或产生怀疑，这其实很容易做到。这样一来，我们就避免了假装一切都好，同时也让他人了解到我们传递出的信息，有助于他人更好地明白这段关系中出现的问题。

---

① 我将在本书的第十章再次详细探讨有关羞耻感的问题。

布兰丁解释道："我能否表达出自己的恐惧完全取决于我面对的人是谁，不过我通常都会避免表现出尴尬、抗拒或恐惧，也会避免因为恐惧而担惊受怕。我知道自己对某些事情的感受会比其他人更加强烈，这可能会对我自己造成伤害。所以当我表达自己的情绪时，我总会措辞谨慎。特别是在爱情中，我总是试图表现出一副不在意的样子，但实际上我比对方更投入、付出得更多。"

我们应该怎样做才能不令他人感到恐惧，避免使对方产生抗拒、逃跑、放弃、自我封闭、僵化或是沉默等消极反应？要想做到这一点，我们需要付出大量的时间和精力去慢慢探索和实践。

我们会采取预防措施来克服自己的恐惧。我们之所以会这样做，是因为我们的内心深处埋藏着对死亡的恐惧。精神病学家热拉尔·阿贝菲尔多尔菲说过，死亡是一切恐惧的源头。

据他所言，这种隐秘的恐惧困扰着整个西方社会，人们却矢口否认，并为此付出了巨大的代价：为了不再惧怕死亡，人们通过拍摄一些广告将死亡美化；或发表武断的言论，推崇肤浅的英雄主义和乐观主义。我们生活的这个社会很难接纳悲观情绪：我们的身体应该永远健康壮硕，能够在任何情况下坚持工作；我们不应该对疾病刨根问底，应该屏蔽掉疾病传递给我们的任何信息。这就导致这个时代的人们对死亡的恐惧变成了一股强大的暗流，它深埋在人们的内心，时刻困扰着人们，催生了焦虑、抑郁等负面情绪，限制人们表达自我，令人们再也无法实现自己内心真正的渴望。

第九章

每个人都有最真实的激情

"如果没有激情，世界上任何伟大的事业都不会成功。"

——格奥尔格·黑格尔（Georg Hegel）

1968 年，雅克·布雷尔写下了这样的祝福语：愿你在鸟语花香和孩子们的欢声笑语中醒来。愿你能够学会尊重别人的不同，因为每个人都有自己的优点和价值。

我自身的感受和情绪指导着我该如何生活、怎样发挥创造力以及如何处理与他人的关系。生活中的幸运与不幸、发生的或好或坏的事情等，所有的一切皆由我的情绪和感受处理。

因此，每当我抛开感性、保持理性或试图去控制自己的情绪时，我都会将自己局限在一个狭隘的小世界里。我抑制住了自己内心的冲动，发挥不了创造力，阻止自己去开始一项既能发挥专长，又能实现抱负的活动或工作。

当我们拒绝接纳自己的情绪时，我们会对情绪本身以及感受到或表达出情绪的人做出贬义的评价。事实上，由于"复制法则"的存在，我们自己不想过的生活，同样不想让别人去过。我们不断地审视自己和他人，这种现象就会变得越来越明显[1]。

这样一来，我们不仅会失去活力，而且会丧失自我。我们会放弃深藏于内心的希冀，会逐渐丧失激情，无法对生活保持真正

---

[1] 为了更好地理解这条法则，请阅读 Saverio Tomasella, *Se libérer du complexe de Cendrillon*, Eyrolles, 2020.

的、长久的热情。

37 岁的艾迪感慨道："我一直都是个好孩子，听从我的父母和老板的话，我总是想把一切都做好，尤其是想让朋友们都对我感到满意。所以，我忽略了自己。多年以来，我从来没有表达过自己的愤怒。18 岁左右的时候，我对这个世界感到非常失望。从小我就希望生活在一个纯粹、公正、充满尊重的世界里，但我发现现实恰好与我的理想截然相反。正因如此，我把自己封闭起来，不再表达任何情绪，也几乎感受不到任何情绪了。最近，我的一位同事升职了，但这个职位本该是我的囊中之物。于是，我就会在心里默默地发牢骚，'又有一个人超过我了，真是受够了'。我一直拼命地工作，全身心投入事业。但是，由于我总是低调工作，从不声张，也从不自我吹嘘标榜自己，所以那些比我高调的同事们就一路高升了。这太恶心了，根本就不公平，让我反感至极！"

艾迪正是听从了自己内心的抗议，在反抗中感受到了自己的力量，才能选择不随波逐流，下定决心改变自己的生活方式。他离开了这家不认可他的公司，开启了自己的新事业。我们与其在一种被低估、无法发挥自身真正价值的职业环境中凋零枯萎，不如从今以后开始为自己的事业努力奋斗。这样做不仅能展示我们的才华，也会使我们在奋斗的过程中收获快乐。

很多人会陷入自我批评甚至自我毁灭的折磨，觉得自己一文不值或生活了无生趣，那么我们到底该去哪里找寻自由与激情？

我们的自由与激情

我们不一定都是出于热爱才去进行一些休闲娱乐活动的，特别是那些时下流行的活动。我们之所以会进行这些活动，是因为受到亲朋好友或家庭传统的影响，而不是因为真正的个人爱好。

要想活出自由，活出激情，我们就需要重新定义什么是真正的快乐。这样一来，随着时间的推移，这种真正的快乐就能一直伴随我们，不断为我们提供养分。我们必须通过一种轻松愉悦的方式去亲身体验这种感受，目的是享受快乐本身，而不是通过冲动消费、大快朵颐快餐类食物、纵容自己的欲望来获得即时满足感。

我们需要接纳自己的情绪，也需要重视和接纳真正的快乐，让快乐成为我们生命的能量和创造力的源泉。以电影《美食、祈祷和恋爱》为例，电影中的女主角经历了一次全新的蜕变之旅。电影的开场，她意识到了自己每天过着循规蹈矩、毫无激情的生活，于是她选择离开自己熟悉的环境，前往意大利。在这里短暂逗留期间，她发现了美味佳肴能带给自己简单纯粹的快乐。随后，除了美食带来的乐趣，她又在印度开启了自己的修行之旅，在巴厘岛找到了内心的自由，这才是真正的自由。她享受着充满热情的生活带来的新鲜刺激和轻松愉悦 ①。

欲望的力量

　　当体会到激情带来的乐趣时，人们似乎又渴望获得一份安全感，甚至希望能非常坚定地将这种安全感贯彻到底。这种内心的安全感是一种内在动机，能够促使他们用毅力去坚持做一件事。有时候，他们需要一个重要的转折点，这个转折点可以是生活方式的改变、机遇的获得或特定事件的发生。

　　玛蒂尔达就是这样一个人，她说："当我设定目标或培养个人爱好，比如运动、考驾照、演戏时，我从来不会轻言放弃。当我开始投入这些活动后，我总是能做到善始善终。我在生活中遭遇的巨变，以及我对做出改变的需求和遭受的打击促使我行动起来。我希望一切尽在掌握之中，尽量不让自己失望，也不想被困难和挫折打倒。我宁愿不开始，也不愿开始之后再放弃。一旦我开始了，那就意味着我确信自己一定可以实现最终的目标。"

　　没有激情，也就没有欲望，没有发自内心的热情，我们就无

---

① 该片改编自伊丽莎白·吉尔伯特的同名自传小说《一辈子做女孩》，讲述了伊丽莎白·吉尔伯特在感情受伤后，踏上了全新的发现之旅，在感受不同国度的美好事物的过程中，重新唤起内心对生活的希望与真实自我的故事。——译者注

法长期坚持做一件事。此外，我还发现父母会对我们产生很大的影响。通常情况下，父母会允许孩子按照自己的兴趣去做事，但父母也会劝孩子去做那些他们不想做的事。

罗莎讲述了父母对她的影响，她说道："我幼年时，很想学习拉手风琴，但我的父母不鼓励我去学，因为我父亲不喜欢手风琴，我母亲则是觉得在家附近很难找到教手风琴的老师。所以我就放弃了学手风琴的想法，然后学了两年的钢琴，但钢琴并不是我心爱的乐器。"

幸运的是，我们真正的愿望是坚定的，它们一直都在，并一直都会令我们备受煎熬。当我们不再渴望听到它们的声音时，它们就会卷土重来。

"三年前，我观看了手风琴演奏家丹尼尔·米勒的一场演出，在看完演出后，我决定重拾学手风琴这个童年的梦想。经过一段时间的学习，如今当演奏手风琴时我会感到特别快乐！毫无疑问，这是我最喜欢的活动之一，因为通过演奏手风琴，我感受到自己在发挥创造力，我赋予了乐器生命，并与乐器合二为一，我为此而骄傲。"

罗莎明确地指出，保持身心愉悦能激励我们从事并长期坚持一项活动。我们完全能做到远离父母或权威人士的控制和命令，凭借自己的兴趣爱好重新规划自己的人生道路。我们之所以能无视他们的劝说，是因为我们才是最了解自己的人，知道什么才是真正适合我们的。

"我真正热爱的事情是学习外语，我一直都很喜欢外语！不过，我也不是从一开始就能做我想做的事，我最开始想要学习的也并不是拉丁语和希腊语，只是我的父母要求我学我才去学的。后来，当我想学意大利语时，我的父母又让我去学英语。在这一点上我也做出了很大的妥协，很久以后我才有机会去学习意大利语。而这时，阿拉伯语却毫无疑问地成了我的首选，这是我接触过的所有语言中我最喜欢的！我每天都在学习阿拉伯语，并从中感受到了真正的幸福。现在，我能自主选择想要学习的语言或演奏喜欢的乐器，不仅因为我拥有了自主权，能掌握自己的生活，去自由选择、积极行动，更因为我清楚自己喜欢什么和想要什么。"

在此重申，我认为热爱是快乐的最根本原因。正是发自心底的热爱才会给我们带来快乐、令我们浑身充满活力、活出了完整的自己。

玛丽安娜表示："我对即兴戏剧创作充满热情。我一直在演戏，截至目前，我已经在一个即兴创作剧团工作 7 年了。平时，我们每个月都会在剧院演出一次。但是这开始令我感到不满足了，我想做更多的事。我热爱运动，从小就开始打篮球。制作电影也是我的爱好之一，一直以来我对制作业余电影（比如和朋友一起制作生日视频）、视频剪辑都兴趣满满。"

有时，享受到热爱带来的愉悦会让我们以同样的热情投入其他活动，我们在一项活动中获得的快乐同样可以为其他活动提供动力。

一个属于自己的世界

屏蔽家人的评价或不与亲朋好友进行比较，拥有私人领域和自己独特的小宇宙，任由自己徜徉其中，蓬勃发展，这是我们跟随内心去做事的必要条件。这不仅使我们能够进行自主选择，并因此获得良好体验，还可以让我们停止与那些比我们更优秀的人进行比较，或是把他们当成我们的假想敌。

玛丽安娜对她的经历做了补充："即兴表演和戏剧是我的兴趣爱好，这是我自己的选择，这就是为什么我在演戏时感觉很棒。我的3个哥哥爱好更加广泛，一旦我踏入他们擅长的领域，我难免会感受到自己的无能，我会觉得自己不能胜任这些任务，会感受到额外的压力。他们3个人都在学钢琴时，我也开始学，但是我没能坚持超过6个月！因此我被定义为失败者，可我在年龄上本身就没有优势，毕竟我比他们晚出生了7～13年！为了避免自己在这种比较中感到过于痛苦，我意识到我应该找到属于自己的小世界。"

很想把事情做好给我们带来了压力，我不知道是否有人能不被这种焦虑折磨。我们把自己置于好的结果带来的压力之下，我们想要"胜任"一项工作，想要把事情"做到最好"。同样，他人的目光也对我们造成了压力。在多重压力下，我们变得不稳定，不会见机行事，甚至束手无策。

"像我的哥哥们一样，我也开始打篮球。一方面，作为一个女生，我本身和男生也没有太大的可比性，所以我并没有太多被比较的感觉；另一方面，我也想让父母和哥哥们感到满意，想成为最优秀、表现最出色的运动女孩。显然，这些想法成为我的阻碍。我一直都很喜欢打篮球，从 8 岁开始，我就一直坚持着打篮球这项爱好，但由于过度追求结果，我给自己施加了很大的压力。我太过在意别人对我的看法，总是害怕自己很没用。尽管即兴表演是我自己的选择，但对于我一直没有成为一名真正的演员这件事，我还是感到很失望。此外，在我的二哥开始演戏一年后，我因此产生了一些困扰，但没那么严重，因为我觉得我已经是我自己那个领域的'前辈'了，这一点足够让我感到安心。"

由此可见，在一个熟悉的、适合自己的领域中，我们会感受到舒适和游刃有余。我们也能逐渐摆脱被比较的处境，不在乎他人的评价，体会到越来越多的乐趣。

关于激情的其他观点

不同于之前的讲述者，有些人则声称自己没有激情。尽管缺乏激情，但这并不妨碍他们进行自己喜欢的休闲娱乐活动。

布兰丁证实了这一点："我似乎喜欢瑜伽、电影、岩石按摩……这些都是我自己的选择。然而，我不认为自己真的喜欢做这些事，我好像没有体验过什么是真正的热爱，但我无法放弃这些活动，我离不开它们。"

除了自由地选择自己的爱好、工作、信仰和结交朋友，好奇心还是我们进行绝大多数活动的驱动力。好奇心使我们从兴趣出发做一件事，使我们能够发现大千世界中的新鲜事物，并为之欢欣鼓舞，尤其是我们在文化领域的各种发现和尝试。

克莱奥倾诉道："去看电影、参观博物馆、去剧院、听音乐会、弹钢琴、在巴黎街头漫步……简而言之，我喜欢各种文化活动！这都是我自己的选择。我从不觉得这是别人强迫我去做的，不然就太可怕了，简直就像活在地狱里那样可怕！我是有好奇心的，但不是太擅长体能活动。不过，只要这些活动不会让我受到惊吓或者不会让我觉得特别不舒服，我就能跟着一些朋友们去进行新的冒险。"

只把关注点放在那些令自己愉快的事情上，不去过问太多，尽情享受欢乐和每一次的探索发现，不去判断自己在做什么或是应该做什么，这就是生活的艺术。

玛蒂尔达说道："我喜欢看电影、阅读、听音乐，以及一切和文化有关的活动。我没有什么激情，而且我常常会压抑自己的感情。但我觉得还是应该有热爱的，如果我们没有特别感兴趣的领域或绝对的热爱，那么我们就是不完整的。比起全神贯注于一件事，我更喜欢广泛涉猎多个领域。"

诚然，如果我们能从根本上做到活出自由，活出激情，那么我们不一定非要拥有某一种或几种爱好。**生活本身的趣味性**就足以让每个人在各自擅长的领域施展拳脚，去投入那些能为自己带来快乐、休养身心和消遣娱乐的活动，哪怕我们只是三分钟热度、浅尝辄止，至少我们还保持着对世界的好奇心。

那么，这会不会像弗朗索瓦认为的那样，我们要强迫自己产生激情？当然不会，自发性和强迫性背后的心理机制是截然不同的。即使有些强迫性的行为本身不具有破坏性，也会产生一定的反作用。

第十章

拥抱自己的脆弱

"这种极度的敏感，这种偶尔不合时宜的骄傲，只会成为他的弱点。如果我们不了解詹姆斯·迪安 [①] 的脆弱，我们就无法真正了解他这个人。"

——菲利普·贝松（Philippe Besson）

《璀璨时刻：詹姆斯·迪安》

[①] 詹姆斯·迪安（James Dean，1931—1955），美国男演员。

许多父母都不愿接纳自己孩子的脆弱，也不愿花时间去了解，更不会去注意和理解这些弱点。父母往往会责怪孩子们表现出的敏感性，指责他们是"玻璃心"；父母会认为孩子过于任性、喜怒无常、多动、过度敏感、令人难以忍受、有暴力倾向等，但这些做法和想法是错误的。遗憾的是，很多心理学家在面对自己的患者时，只会将他们简单归类，而不是去倾听他们的故事、接纳患者本身的独特性，也不去考虑他们在现实生活中的经历。无论个人还是集体，一旦我们对脆弱一无所知，并对它采取回避或拒绝承认的态度，我们都将付出沉重的代价。

当我们感受到脆弱时，我们会很容易产生相应的**羞愧感**，会感觉颜面尽失。我们不仅会丧失必要的动力，无法发挥创造力，不能投入心中向往的活动和计划，而且会在开展一项活动或实施一个计划时，无法长久地坚持到获得最终的成功。

对脆弱置若罔闻导致的混乱

脆弱给我们带来了羞耻感，这会导致我们将事情不断拖延下去，无法真正投入那些令我们感到愉悦、符合我们内心期待的事情。这样一来，我们内心会开始滋生负面情绪，而且这种情绪会逐渐泛滥。我们会身处在困境中，不断谴责自己，逐渐失去活力；随之而来的可能就是失去自我，因为拒绝承认脆弱，我们会轻视自己的感受，一味地奉献自己。我们告诉身边亲近的人自己为他们做出了多少牺牲，把大部分精力都倾注在他们身上，我们为了别人牺牲了自我，牺牲了自己的愿望和内心深处的梦想。总有一天，我们会感到厌倦。

为什么我们会觉得过不上自己想要的生活

我们无法享受属于自己的生活，主要是受以下三种现象的影响。

第一种现象是家庭和社会规则的制约，以及我们对权力的盲目服从。正如前文提到的那样，我们会因此忘记自我甚至丢掉自我，也无法再去感知和思考，会让别人替我们考虑一切。我们会耗费大量的精力去适应一个不属于我们的世界。

第二种现象是分裂，这是一种激进的心理防御机制，可以使我们免受冲击和创伤①。很多男性和女性都有过这种现象，他们仿佛隔着玻璃旁观其他人的生活，却无法穿透这层玻璃融入他人，真正参与当下的生活。

为了解释这种因极端的自我保护造成的分裂现象，塞尔

---

① 分裂和麻痹、解离一样，是"创伤后应激"的最常见形式之一。

日·蒂斯隆吐露了心声："除了将我的人格一分为二，我别无他法[①]。"

第三种现象是我们倾向于按部就班，喜欢待在自己的舒适区，追求物质层面或精神层面的安全感。这种倾向会使我们慢慢地退缩到一个极其狭窄的安全区域内。我们感到单调乏味，也不敢去追寻另一种生活方式。

我观察到，每当我们需要表达自我或提出自己的主张时，我们会退缩、自我克制、保持沉默、丧失活力。总而言之，我们会失去生命的力量。实际上，我们每个人身上都存在着这股生命的力量，在心理学中，我们将这股力量称为"力比多"。这个词语表示一种精神能量，是生命的本能。它基于我们的自我欲望，是一种对于渴望的本能。因此，它寄托在我们的愿望和对未来的期许中，令我们在可能的范围内，去聆听、思考、尊重并实现自己的愿望和期许；当无法实现愿望和期许时，我们也不会去否认它们的存在。

"力比多"自始至终都会伴随着我们，因此我们应该正视自己的脆弱，去拥抱它们，不要再认为脆弱是可耻的，不要因此而羞愧。这有利于我们重新发现自己拥有旺盛的生命力[②]，也有利于自我发展。在接纳脆弱的过程中，我们不可避免地会产生羞耻感，尽管我们强迫自己与羞耻感进行激烈对抗，但我们内心深处的欲望还是会被无情地掩盖或遭受重创。

---

① Serge Tisseron, *Mort de honte, op. cit.*, p. 145. （详见前文注释）

② Saverio Tomasella, *Ne passez plus à côté de votre vie*, Flammarion, 2021.

你要是明白我有多丢脸就好了

事实上，我们之所以没有胆量踏上人生的冒险之旅，除了时间不充裕、受到各种限制、对未知的恐惧、疲惫等因素的干扰，最大的阻碍是我们的羞耻感。

在当今社会，虽然羞耻感是一种普遍存在的情绪体验，但在很大程度上也尚未得到人们的承认。我们可能偶尔会听到人们谈论羞耻感，但更经常听到的是关于尴尬的话题，我们还倾向于将自己的羞耻感解释成内疚。有时候我们根本就不去触碰羞耻感这个话题，这不仅是因为找不到合适的词语来表达，还怕没有人倾听，然后我们就会觉得更加丢脸。

根据塞尔日·蒂斯隆的说法，羞耻感是一种内心深处的情感，接近于或与一种无能为力的感觉有关，同时也具备以下特征：

- 羞耻感会令人们在"社交"中感到不适，这甚至是一种具有破坏性的情感；
- 每一份羞耻感的背后都隐藏着一个难以启齿的秘密；
- 羞耻感会突然涌现并极具侵略性，它可以让你忘记所有其他情绪。

精神分析师对羞耻感进行了如下分类。

- **对行为举止的**羞耻感，即我们会对他人做出的某种行为举止感到羞耻；

- **对近距离接触的**羞耻感，即我们在靠近他人时内心会感到
  羞耻（如父母、祖父母、其他家庭成员、朋友、同事等）；
- **连带性**羞耻感。当我们认为自己有一个令人丢脸的亲朋好
  友时，我们自己也会感到羞耻；
- **共感性**羞耻感。当其他人经历了丢脸的事情时，我们同时
  也会感到羞耻；
- **补偿性**羞耻感。对那些大言不惭或不认为自己的行为举止
  很羞耻的人，我们会代替他们产生羞耻感；
- **幻想性或假想性**羞耻感。当我们自己或我们身边的亲朋好
  友处在痛苦中，但是我们或他们对自己痛苦的原因避而不
  谈，或是对秘密守口如瓶时，我们就会将羞耻感当作借口，
  认为我们或他们是羞于启齿的；
- **毫无缘由**的羞耻感。我们有时会"不知道因为什么而感到
  羞耻"，这是一种毫无缘由的羞耻，我们不能用明确的词语
  来描述这种感觉。我们会对他人在公众场合对我们做出的
  谴责产生根本性恐惧，也会将他人和我们之间进行的非语
  言形式的沟通理解为对我们的责备或拒绝[1]。

　　这就是为什么塞尔日·蒂斯隆鼓励我们要更加灵活、开放和
包容，他认为："当我们不了解身边的亲朋好友的生活中遇到的问
题时，我们就可能会认为他们的所作所为都是为了利用我们，甚
至会伤害到我们。但如果我们决定将他们的经历纳入考量范围，

---

[1]　Serge Tisseron, *Mort de honte, op. cit.*, p. 202 à 205.

我们通常会发现他们是不得已而为之，因为他们别无他法。"所以，在此我建议大家不仅要重视我们自己心理脆弱的原因，而且应该考虑到周围亲朋好友心理脆弱的原因，因为没有人天生心理脆弱，大家都受到了后天环境的影响。某些人际关系、社会条件和突发事件会加剧我们的脆弱，重新揭开我们内心的旧伤疤。

在电影《大鼻子情圣》的最后一幕中，编剧艾德蒙德·罗斯坦德以天才般的表达方式描述了人们内心的脆弱：

"我们每个人的内心都有一道旧伤疤，我当然也不例外。这道旧伤疤一直都在，并蠢蠢欲动。它就在那里，在泛黄的信纸下面，你仍然还能看到眼泪和鲜血在流淌！"

什么让你变得脆弱不堪

幸好，我们无法针对这个切实存在的问题给出一个系统化、标准化的答案。这样一来，我们就可以避免受限于基础心理学的简单分类，能够更广泛地倾听每个主体表达出的自己的特殊性。

家庭矛盾

举个例子，群体（家庭或其他团体）或人际关系（友情、爱情等）造成的障碍通常会使我们忽视自我，使我们偏离自己的航向，或脱离自我的感受。

玛蒂尔达做出了准确的判断："我认为，家人就是我的致命弱点，他们如同我的'阿喀琉斯之踵'。他们很容易让我长期处于或重新陷入紧张、易怒、愤慨的状态。尽管我已经忘记了一些不愉快的事，但有时候我会因为家人的一句话而愤怒好几天。我在爱情中也会感到脆弱无助，但这种感觉不会持续太久。在友情中，我更喜欢付出，不会让自己受到冒犯，能或多或少地表达出自己的需求，而不会去折磨自己。"

内疚感

根据经验，一段关系涉及的因素越多，风险就越大，这段关系就越可能成为我们的弱点。在这种情况下，我们会害怕这段关系破裂，害怕干扰到他人或令他人不悦，我们心中的杠杆就会偏向到**认为自己是有罪的那一端**，我们会因此而产生内疚感。

克莱奥意识到她的"极度内疚感"令她变得非常脆弱。"我对每件事情、对所有人都感到内疚，即便只是些鸡毛蒜皮的小事。内疚感将我彻底吞噬。从我很小的时候起，我就有内疚感。举一个有说服力的例子：7岁左右时，父母送给我一双我非常喜欢的黄色漆皮鞋。第一次穿它的时候，我就弄上了一处小划痕。我满怀内疚感，把鞋子藏在了壁橱的深处，放在一堆杂物的下面。后来我和父母一起去了马提尼克岛，回来的时候我谎称自己将鞋子落在了那里。后来在阳光明媚的某一天，我向父母坦白了自己的错误。他们感到很震惊，我居然会为了这么小的一个划痕撒谎。这件事导致的结果是：由于在当时那个年纪，我的脚长得很快，所以等再找出这双鞋的时候，我已经穿不上它了。尽管发生了这件事，我还是没有做出任何改变。损坏东西、令他人感到不适、忘记跟面包店老板说再见等生活中的小事都会让我觉得很痛苦，我总觉得很内疚，我的精力被消耗殆尽了。"

她的讲述让我们不禁怀疑，在这种萦绕在人们心中的"极度内疚感"的背后，是否存在着羞耻感？

身体虚弱

我们经常用"亚健康"来形容一些经常生病或疾病反复发作的人。这种不可预测的、不稳定的健康状况会迅速导致我们身体上和精神上的疲劳。因此，这也是我们会感到脆弱的主要原因。

罗莎证明了这一点："我的身体非常虚弱，我有很多皮肤、关节等方面的问题。此外，我很容易疲惫、乏力，这让我觉得自己特别脆弱。当我睡眠不足时，我会对发生在自己身上的一切反应过度，会显得非常情绪化。在未来，我想找到一个能让我尽可能避开这种情况的生活环境。"

实际上，罗莎所说的生活环境也需要良好的生活条件来维持，这样才能有助于我们回归到更加平衡、和谐的状态。

　　罗莎详细说明了自己长期以来感受到的一个颇为有趣的关联心理："我非常善解人意，但这会在很大程度上令我心理失衡。我认为这是因为我的共情能力很强，当我看到任何人哭或笑，不哭或不笑时，我绝不可能置之不理，尤其是那个人对我而言很重要的时候，我也说不清楚自己为什么会这样。一些情感丰富的故事总能给我留下深刻印象，并引发我内心强烈的共鸣。"

　　在非常脆弱和无助的情况下，我们是否更易受到情绪的影响？经验告诉我们，情况好像确实如此。

从同理心到自我奉献

　　对他人产生强烈的同理心通常会使我们想要拯救他人、为他人提供帮助。但我们很可能会忽视自己的实际能力、权限范围和现实因素的制约，以及可能由此为自己或周边亲朋好友带来的后果。

　　罗莎坦言："这种强烈的同理心使我想要不假思索、没有任何理由、不惜一切代价地去帮助身边那些遭受痛苦的人，丝毫不考虑这可能对我自己造成什么样的影响，只是因为我对他们的处境感同身受，这好像是我的一种本能。我倾向于为他人牺牲和奉献，但我这样做从来都不是出于某种目的。从本质上讲，我的自我奉献是在与眼前之人交往的过程中传递出来的。只有得益于他们展现出的友好、细微的关注等，我才能表现出自己的同理心。"

为了更好地尊重自己，聆听乃至跟随自己的直觉似乎至关重要。不过值得注意的是，当人们全身心投入一段关系时，他们展现出的慷慨和强烈的执着会导致他们想要完全达到他人的预期。

许多人承认自己在恋爱关系中的付出和回报不成正比，他们会因此感到脆弱无助，难以将这段感情维系下去。布兰丁也是这类人，她说道："我会非常快速且非常容易地相信一个人，也几乎立刻就能爱上一个人。因此在某些时候，我确实是将自己完全托付给了一个无法给予我同等回报的人。"

可惜的是，对他人一味地做出自我奉献并不意味着他人能提供给我们同等的回报。这种付出与收获的不平等会导致一些问题，这种不平等也是我们对一段恋爱关系感到疲惫和厌倦的根本原因。

认为自己重任在肩

我们会想象自己身上背负着团队责任感，是所在群体的发言人、执旗手，甚至是羞耻感的承担者。换句话说，我们会认为自己背负着一种集体羞耻感。所以为了平息风波、缓和关系、促进沟通与交流，我们会倾向于替他人考虑，让自己吃亏。

玛丽安娜说道："在我的朋友圈、家庭、即兴创作剧团中，我经常承担一些集体的任务和工作。我一心想着把人们都聚集起来，组织和张罗一些活动。我之所以这样做，是为了让这个集体能够延续下去，是为了让人们从中感受到快乐，让彼此减少争论，获得面对面交流的幸福感等。有时候，当事情没有按照我的预期顺利进行，或是我感受到了他人的一丝紧张和不满时，我就会陷入一种真正的恐慌状态。"

玛丽安娜也承认，她这样做是因为害怕让别人失望。如果她的工作没有做到尽善尽美的话，其他人可能会"后悔到这里来参加活动"。

"有时候我真的觉得这就是我的责任，我就该在团队中扮演组织者的角色。我相信，如果我什么都不管，团队就会像一盘散沙或一团乱麻。我还认为，如果我什么都不做，就没有人会喜欢我。如果我不努力地在他们面前提升自己的存在感，他们就会意识到我其实是可有可无的，我会害怕他们不再需要我、厌倦我，这会让我感到沮丧。所以我尽量让自己变得不可或缺，不让他们产生这种想法！"

追求爱与和谐是我们的本能。为了实现这个目标，我们会想要去做更多的事，却不强求必须获得回报。我们为此付出了大量的精力，因此感受到身心俱疲，有时甚至会内心压抑、情绪崩溃。

玛丽安娜表示："在一个团体中，尤其是在我的家庭中，避免成员之间产生冲突是我的使命。我很害怕团体出现内部矛盾，也不想家庭氛围剑拔弩张，所以我对周围的紧张局势非常警觉，我会像一块海绵一样把这些紧张的氛围消化并吸收掉。我会尝试着安抚、取悦大家，想方设法活跃气氛……很多时候我要为此付出大量精力，有时甚至会情绪崩溃。"

类似的情况不止出现在亲密关系和友情中。事实上，不管是政客还是艺术家，很多人都表现出一种对**"存在感"的过度追求**。我们认为自己活在他人的眼光里，太过在意他人对自己的看法，这是很可悲的。而且在很大程度上，我们的这种需求并没有得到尊重和满足。实际上，这恰恰是一种缺爱的表现。我们害怕自己不被需要，就像害怕冲突、紧张的气氛、分歧和不和谐一样，从根本上来说，都是一种对"不被爱"的恐惧……更糟糕的情况是，如果我们感受不到爱，我们的存在将变得毫无意义，这也是我们会变得脆弱的根本原因。不管我们表面上如何伪装，我们的内心都是渴望被爱的。

第十一章

被讨厌的勇气

"为什么要取悦所有人？

……总而言之，是因为你想成为完美的人。

你磨平棱角、收起锋芒，让自己变得普通。

你总想给自己打造一个完美的形象。

还自己一分宁静吧……"

——约尔·法伊弗（Yor Pfeiffer）

《还自己一分宁静吧》

歌手约尔·法伊弗说，有一天晚上他正在和一位生活不如意的朋友聊天，这位朋友在他面前突然崩溃了。自己倾听着朋友的诉说，感受着他的痛苦不安以及他强加给自身的压力。听完以后，他发自本能地对这位朋友说："还你自己一分宁静吧。"这句劝导对朋友的影响很大，同时，他也以这句话为灵感写了一首歌曲。

在心理治疗的过程中和日常生活中，我也听到过很多人说，他们想要按照自己的意愿去生活，想要做真实的自己。这个愿望真的很难实现吗？我们是否在努力地伪装出一副与真实的自己截然不同的样子？或者从根本上来说，我们想要表现得更"正常"、更光鲜亮丽、更令人满意等？

这样做在很大程度上是否会令我们压抑自我？是否会阻碍我们发挥自身的创造力，剥夺我们实现自己的愿望、功成名就的机会？这是极有可能的。

自我压抑是普遍存在的，我们尤其会压抑自己表达出不愉快或失望的感受。此外，自我压抑还有另外一种形式，而且这种形式更加不为人所知。那就是过度的情绪也会造成心理上的自我压抑，即多种情绪交织在一起，我们会进入一种情绪叠加的状态。

如果我们不断压抑这些情绪，就会陷入潜意识的情绪混乱，无法将情绪逐一拆解，也没有办法去仔细聆听和感受我们的情绪，更不能在必要的时候将它们畅快地表达出来。

此外，如果我们坚持以"情绪管理"或"保持积极乐观"为由，一味地将"正面情绪"叠加在"负面情绪"之上，这就会导致我们无法找到适合自己的心理疏导方法，并持续性地阻碍我们实现自我发展。

为了活出自我，保持身心健康，坚持去**感受情绪**具有重要意义，而且我们要去感知自己真实的情绪。不过，这并不意味着我们必须从中获得乐趣，也不必把它看得很重要，更不必刻意地去维持这种乐趣。自我认知不是一个复杂的智能程序，而是一个简单而自然的存在过程，即：活出真实的自己。

接受被讨厌

拥有被讨厌或允许自己被讨厌的勇气也许是我们迈入人生旅程的第一步。这意味着我们将会承受风险，我们的父母（亲生父母或是被我们视作父母的人），那些被我们视作偶像去崇拜的人，以及将我们保护在他们的羽翼之下确保我们"安然无恙"的人，可能会对我们感到失望，而我们要学着去接受这个事实。从根本上说，"被讨厌"会让我们直面孤独带来的恐惧感，因为害怕与他人意见不统一而被他人抛弃，我们就不得不"确保"自己的言行万无一失。总之，表达真实的自己是一件千难万险的事。

因为我们总是害怕被人羞辱，害怕丢脸，或者害怕自己在别人眼里看起来如小丑般滑稽可笑，所以取悦他人并获得他人的认可对我们而言实属重要。

对此，玛丽安娜欣然承认："我讨厌别人对我感到失望，我承认，我总是想取悦他人，甚至想让他人对我大加赞赏。我总是会想：'他们为什么总在夸别人？他们为什么不能多夸夸我呢？哪怕只是一点点而已。'我一点都不喜欢失望这种感觉，甚至很害怕别人对我失望。"

我们害怕负面评价的原因是什么？我们面临的问题和挑战又是什么？我们必须展示出自己很可靠吗？必须表现得自己完全能胜任一项工作吗？我们不能给别人留下不好的印象吗？不能看上去像一个不讨人喜欢的人吗？

"我告诉自己，大家都指望着我呢。例如，我之前说过的组织集体活动这件事，我绝不能忍受自己在这上面的失败。面对我的家人，我会跟自己强调，我真的没有权利让他们对我感到失望。因为我的成长环境十分优渥，我接受了良好的教育，感受到了家庭给予我的充足的爱与保护。对待工作也一样，我害怕人们会对我失望，害怕他们最终会发现实际上我并非如他们认为的那样优秀。我只是资质平平，绝非能力超群。"

我们会发现很多人都害怕自己能力不足、言行不当或没有价值，这种恐惧导致他们经常自我怀疑，做出负面且极端的自我评价。我们总能听到他们说："我简直是一无是处！"这句话中充满自责和绝望，哪怕是青少年和儿童也会说出这样的话来，尤其是当他们没有完成一项重要任务，或是没有赢得他人的接纳、认可和赞许时。

"不讨人喜欢和令他人失望并非我经常会遇到的状况，我也不会经常对别人说：'我对你很失望！'但我还是会对这两种情况感到担忧，这让我的内心十分矛盾。"

玛丽安娜强调，这种发自内心的担忧会使我们在人际交往中变得畏缩和小心翼翼。然而，我们总会在生活中陷入这种境遇，有时候并不一定是因为我们不讨人喜欢或令他人失望。事实上，"不讨人喜欢"比真正意义上的"惹他人生气"更为常见。最终我们会明白，不讨人喜欢其实也没有那么痛苦。我们每个人或多或少都有过"被人讨厌"的经历，所以我们很清楚的一点是，我们永远无法做到令所有人都满意。

亲密程度

在某些情况下，正是由于我们在与他人的交往中留出了一定的空间，才增加了我们对交往过程中可能产生厌倦、遇到挫折或受到负面评价的恐惧。

布兰丁说道："当面对陌生人时，我很容易冒犯他们。但如果这种情况发生在友情和爱情中，可能会对我造成巨大的影响。"

同样，对罗莎来说，面对自己心中很重要的人，甚至是那些比自己的亲人更重要的人时，如果自己令他们感到失望或不满意，她会很难去坦然面对。

"我很在意身边人的意见，但对于那些我不太熟悉或了解的人，我对他们的意见充耳不闻。这就是为什么我会向自己的父母隐瞒自己的一些决定，因为我知道这些决定肯定会让他们不高兴。

"在学业上，我一直希望老师们能对我有好的评价，能重视我。有时候我会为了考高分而作弊，这样做更多的原因在于我不想让他们失望，而不是为了追求高分。"

罗莎将想要赢得某人的重视和为了获取利益或好处而作弊这二者联系起来。实际上，无论成年人还是儿童，每个人都会存在这种情况，它会发生在我们追求爱情、谋求他人的好感或让别人对自己产生兴趣的过程中……我们在很多时候都会作弊，具体要视情况而定。为了掩饰自己的缺陷或我们自认为的那些缺陷，我们也会把自己伪装起来。

"在我的爱情和友情中，一开始我总是很难表现出自己的脆弱，因为我害怕会因此失去对方。后来，我逐渐拥有了自信，能够更好地接受自己可能会被他人讨厌或在他人看来自己很愚蠢这个事实，因为我更加确定的是对方会对我表现出真诚和爱慕。"

幸好我们对自己所爱之人有更多的了解，这使得我们更加信任他们并同样得到了他们对我们的信任。我们在和他们相处的过程中会更加安心，这也会引导我们转变自己的心态，使我们不再害怕会被别人讨厌。

保持适度距离

许多人像克莱奥一样，没能拥有接受被人讨厌的勇气，他们认为没有什么事情比令某人失望更痛苦，然后他们就会痛苦地活在不被爱的现实中。所以他们尽力阻止这种情况发生，通常他们的做法会产生一定的效果。

"很少有人会责备我说，他们对我感到失望，我觉得这种事发生的次数屈指可数。首先，我不愿让自己失望，我努力让自己成为自己的骄傲，这是我的原动力。其次就是我的父母，我要让我的父母为我感到骄傲。"

克莱奥倾诉的内容在我看来意义非凡，她发表的言论从根本上来说就代表了我们每个人的想法，我们试图不让别人对自己失望，让自豪感成为驱动自己的强大原动力，同时这种自豪感也可能成为自信心的重要来源。它帮助我们与他人、他人的目光和评价标准等保持适度的距离。

"随着年龄的增长，我学会接受自己不能让所有人都满意这个事实，而且我学会了取舍。即使试图取悦他人依然是我个性中鲜明的一部分，我也不再执拗地去试图说服自己取悦别人这件事是值得做的。"

懂得与自己、他人和外界事物保持适度的距离，可以被视作一种生活的智慧。这样的做法尽管有时会让我们显得有些许傲慢，但是鼓励了我们的自由表达。

玛蒂尔达对以上观点表示赞同，她承认："被人讨厌或令他人失望从来都不是一件愉快的事，但我从来不在这些事情上纠结。偶尔在面对陌生人时，我甚至会表现出挑衅的一面。我会'测试'自己是否真的让他们不高兴了。"

我们令某人感到不高兴，这会让我们意识到自己也不喜欢对方，二者之间是一种相互关系。实际上，这是一种解脱，但人们很少意识到这一点。

"在职场或是友情中，一般来说，有人不喜欢我，那是因为我恰巧也不喜欢他。所以我不会生气，只是会告诉自己，问题在于我和他的能量场不兼容。"

其实，我们完全没有必要因被自己不欣赏的人讨厌而生气。这恰恰说明了我们在人际关系中与他人保持适度距离的重要性。

最好了解真相

我们最好了解事情的真相，无论它有多么残酷，或是我们的处境有多么艰难。不要因为害怕让对方失望、令对方不安、感到脆弱或对对方造成伤害，而去避免揭露真相。

安内蒙尼告诉我们："我父亲去世后，我姐姐在我父亲写给他最亲密的朋友的最后几封邮件中读到这样一句话：'我仍然应该把真相告诉最脆弱的人。'他患上的是不治之症，这一点他再明白不过了，而最脆弱的人就是我。这句话在我耳边不断回响，我明白，父亲也是这么认为的。然而，在我的内心里，我知道自己拥有不可思议的力量，我也相信那些敏感的人天生就拥有这股力量。这种反差是多么奇妙啊！当他们展现出自己强大的共情力和同理心时，因为他们骨子里散发出的真诚，他们就会在力所能及的范围内多行善举。"

我们经常会对被我们认为"强"或"弱"的人们有一些错误的看法。事实上，我们每个人都有"优势"和"劣势"，它们也会随着时间的推移和情况的改变而不断变化。实际上，我们强迫自己取悦他人、不让对方感到失望或被冒犯，是对自己的伤害。

笑声疗法专家卡雷尔·内斯波尔博士是"积极思维"的刽子手，他对这种思维及其给人们带来的海市蜃楼般的幻想持坚决反对的态度。在这里引用他的一句充满哲理性的话："无论最终的真相是什么，我们最好都要去接受它。无论生活和现实本身有多么痛苦，有多么不愉快，我们也同样要对它们敞开怀抱。"

我们可以承认自己令他人、亲朋好友或泛泛之交感到失望，却不能相信我们会让每个人都感到满意。我们没有必要强迫自己去发现每个人的可爱或伟大之处。秉持着这样的想法，我们会在与人相处的过程中逐渐放下给自己套上的沉重枷锁，会感受到自我的放松。我们更容易去倾听内心真正的想法，尤其是在面对他人时，即使我们会对他人感到失望、不悦或是漠不关心，我们也会试着去接纳每一个人。这并非是因为我们想要做好事或是出于道德层面的考量，我们只是想要直截了当地、全方位地表现出我们自己的体验和感受，这是我们在这个世界存在的基础。

第十二章

支持你自己的愿望

"至于我，我已经疯狂到为了音乐放弃了自己其他的生活的程度。先生，无论您是否会为我提供帮助，我都会成为一名指挥家。"

——玛丽亚·彼特斯（Maria Peters）《指挥家》[1]

---

[1] 该片由真实人物经历改编，讲述了史上首位女指挥家安东尼娅·布里克的故事。——译者注

雅克·拉康 ① 强调了每个人的主观能动性是不可消除和不可剥夺的，这或许就是他最主要的贡献。主观能动性是极为特殊的，每一种主观能动性都脱离了自我意识的掌控。主观能动性并非基于幻想存在，而是基于主体的欲望而存在的，遵循着一种高道德标准。不同于其他形式的道德对欲望和自由的控制，这种形式的道德鼓励欲望和自由，其准则是："主体只会因屈服于自身的欲望而内疚。"这绝不是歌颂犯罪或崇尚自私，而是鼓励人们敢于做自己、表达自身的独特性，欲望需要的是被承认，而不是被压抑。

我们要承认欲望而不是压抑欲望，这是一种正当诉求，却遭到各方抵制，许多人试图将所谓"正确"的思维方式、说话方式和行为方式强加给我们。举例来说，这就如同把一种来自美国的时尚潮流不加分辨地强行在欧洲推广。也就是说，这些人在不经任何思考，完全不考虑感受产生的基础和影响的情况下，就想让我们轻易相信我们应该对自己的感受"负责"。尽管在语言逻辑中，我们试图将"责任感"和"负罪感"两者区分开，但在自我压抑的过程中，"责任感"这个词已经极度接近于"负罪感"。

此外，一些认知主义者太过武断，他们认为，思想是一切情绪的根源。而实际情况与他们所言有所不同，我们只是去体验这

---

① 雅克·拉康（1901—1981），法国精神分析学大师。——译者注

些情绪和感受，并不会为它们负责。

诚然，只要我们足够了解自己的情绪和感受，我们就可以尝试着去弄清楚我们该如何处理它们，并对自己的选择做出解释。具体来讲，无论我们是否关注、接纳自己的情绪和感受，我们都是它们的见证者，我们有能力主动让自己的情绪和感受释放到极致，去理解、缓解、消除它们，或者我们可以与情绪和感受共舞，甚至可以用想法、言语和其他情绪去强化它们。事实上，有些人喜欢站在道德制高点上发表针对情绪、感受的言论，正是这些言论将我们的感受和情绪复杂化和夸张化。

当一个孩子哭泣或生气时，如果人们告诉他不应该这样做，这样的方式"并不体面"。用教育和道德层面的规则对他施加限制，来压制和诋毁他，站在他的对立面对他进行指责，这样的做法会使他无法表达出自我的真实感受，从而无法识别和接纳自己的情绪。当我们所处的社会环境无法容纳我们的情绪，我们的欲望无法得到满足时，那么我们就只剩下痛苦。

打破规则的勇气

如果我们想要开始尝试一种独一无二的生活方式，就要打破惯例、传统和既定秩序或至少是凌驾于它们之上，这需要我们找回自身的勇气和创造力。然后，一旦我们真正开始冒险，毅力和坚韧将使我们在面对挑战和逆境时保持创造力，成为生活的强者。

别想这些事了

下面我将为大家讲述音乐史上第一位女指挥家安东尼娅·布里克的一生。

安东尼娅·布里克于 1902 年在荷兰鹿特丹出生，6 岁时随父母定居于美国加利福尼亚。1919 年，怀着没能成为一名钢琴演奏家的遗憾，她进入美国加州大学学习。读书期间，她靠在旧金山歌剧院为主任保罗·斯坦多夫做助理养活自己，同时也协助筹办了几场音乐会。

1927 年，由于想成为一名指挥家，尽管众说纷纭，她还是毅然决然地进入了柏林音乐学院。当时担任汉堡爱乐乐团指挥的卡尔·穆克，是她的老师之一，在他的帮助下，安东尼娅·布克里成了拜罗伊特市的一名辅导教师。1930 年，作为首位女指挥家，安东尼娅·布里克第一次作为柏林爱乐乐团的指挥亮相，乐评人认为她"比一些男性指挥家更具备专业能力、智慧和音乐性"。同年，她又为洛杉矶爱乐乐团指挥。尽管她能力突出又拼尽全力，她还是没能成为任何一个世界级乐团的常任指挥，获得自己梦寐以求的职位。

安东尼娅·布里克在波兰和巴尔干地区进行了一次精彩纷呈的巡回演出后，搬到了纽约居住，1933 年她首次担任了纽约爱乐乐团的首席指挥。但是没有任何乐团同意任命她为音乐总监，所以她决定成立属于自己的女子交响乐团，自 1935 年起至 1939 年，她在该乐团担任指挥。1940 年前后，她搬到了丹佛，这段时间她主要从事教学和客座指挥工作。时间到了 1947 年，这时她成为丹佛商人管弦乐团的指挥，后来这个乐团更名为布里克交响乐团。在此期间，她一直承担着乐队指挥这一职务，直至 1985 年退休。

安东尼娅·布里克的一生被玛丽亚·彼特斯搬到了大荧幕上。在这部写实的电影中，这位荷兰导演淋漓尽致地展现了安东尼娅·布里克选择这条艺术家的人生道路有多么艰难，展示了她在实际生活中遇到的各种刁难、拼尽全力去实现自己的愿望，以及女性在职业生涯中背负的社会成见和套在心中的层层枷锁。

我们想活在怎样的世界里

近年来，在一些领域中，越来越多的人选择放弃追逐名和利，转而去从事那些在他们眼中有意义的职业，原因是这些职业能够守护和弘扬全人类共同价值。

49 岁这年，玛尔塔放弃了一份稳定且薪水丰厚的工作，去了"方达西奥协会"工作。即使这份新工作的报酬比之前工作的低得多，但对她来说，这份工作符合她所珍视的基本价值观，也是她与他人分享这些价值观的唯一途径，同时也便于她更好地推广、普及这些价值观。

杰里米·德西尔·韦伯也做了和玛尔塔类似的选择，他放弃了在一家大银行总部的职位。这位年轻人解释说，作为一名应用数学和统计学专业的定量分析师，他的任务旨在将公司的利润最大化。金融行业的目标与生态危机的现实背道而驰，这是他不能够忍受的。在 2019 年 7 月 29 日的公开辞职信中，他谴责了银行的虚伪，以及货币的巨大权力。在这份长达 50 页的辞职信里，他历数了银行针对气候危机采取的令人反感的、不合时宜的应对办法。同时也指出了我们无法通过维持现状来拯救人类的现实。但他向上级递交的这份辞职信，却如同石沉大海一般，没有得到任何回应。因此，杰里米·德西尔·韦伯决定将这份辞职信公之于众，让公众免费下载。他建议："我们应当对无可争辩的事实进行总结，并采取果断勇敢的行动，这件事刻不容缓。"他的雄心壮志是通过改变具有破坏性的经济结构，来促进文明的深刻变革。

英国导演肯·洛奇的一些电影也是围绕着"改变世界"这个主题的。为了唤醒大家的认识，这里我推荐他的两部电影：一部是 2007 年上映的剧情片《自由世界》；另一部是 2016 年上映的剧情片《我是布莱克》，各位有兴趣的话可以去观看或回顾一下这两部电影。

选择自己的理想抱负

我们的理想和抱负是什么？我们又做出了怎样的规划去实现它们？这些理想和抱负是否与我们的职业、家庭、友谊、健康、休闲娱乐以及公众参与有关？

简单的愿望

布兰丁不假思索地回答道："我的志向与工作和事业无关。我的愿望是拥有一段健康平衡的恋爱关系以及学会爱自己。"

对有些人而言，他们的愿望与个人生活有关，与事业和工作无关，爱在他们的生活中占据核心位置。这里所说的爱包含多种形式，比如为人父母，陪伴孩子长大。

克莱奥就属于这类人，她说道："今年我庆祝了自己的 30 岁生日，我未来十年的愿望是成为一个母亲，如果可能的话，我想多生几个孩子。"

这类人特别希望自己能过上好的生活，实现个人的充分发展，找寻到生活的宁静，明白什么是善良和仁慈……

玛蒂尔达也有同样的想法，她坦言："工作和事业对我来说很重要，如果我做的不是一份自己喜欢以及能够激励自己的工作，我就不会感到满足。但我个人的理想是拥有许多朋友，面对生活中的一切事物我都能够处之泰然。如果可能的话，我想要建立一段充满爱和满足感的两性关系，组建一个家庭也未尝不可。最重要的是，我想生活在一个适合自己的环境中，能够经常出去旅行。归根到底，我的愿望相当简单。"

绝大多数前来接受心理治疗的患者都说自己的愿望"相当简单"，他们想要找寻在生活中实现这些愿望的途径。

想要引人注目还是自由自在

即便我们不是名人，获得某种形式的认可对我们而言似乎也很重要，哪怕是有限的、适度的认可或赞美。这是我们证明自身价值的一种方式。

玛丽安娜坦然承认："我个人的愿望时常变化。有时候我爱幻想，我想要变得引人注目，结交某类名流，因一项成就而获得奖励，这样一来，我自然就成了集荣誉于一身的知名人士。从稍微现实一些的角度来说，我想在工作中获得认可，因为我正在制作一部微电影，同时还在写一些东西。在我自己热爱的领域，我也想和更多的专业人士一起进行更多的即兴戏剧创作，总有一天我要创作出属于我自己的节目。"

我们想要活出激情、活出真我，最重要的是我们渴望足够的自由，这一点在我们的工作中体现得尤为明显。

克莱奥很清楚这一点，她指出："我的职业理想是能持续地、充分地发展自我，坚持写作，活出自己的热情。我希望能多出版几本书，选择一家我愿意为之工作的新闻媒体。我想要每天都感受到足够的自由，也十分需要找到和自己价值观完美契合的职业。"

此外，学习也是一种重要的动力。学习能够激发我们强烈的好奇心，并让我们在好奇心的驱使下进行探索发现，找到日常生活中的乐趣。

罗莎表示："为了体会到自我满足感，我需要去了解并完成各种各样的事情。我的目的并不是工作本身，工作于我而言只是学习和了解新事物的一个机会。

我甚至会说，我一生中最大的愿望是平静。我希望有这样一份工作，能让我自由安排自己的日程，有自己的时间做我想做的一切。"

平静可以使我们获得最大的幸福吗？自给自足真的可以让我们过上幸福生活吗？

"可能正是出于这种原因，我对自给自足有某种渴望，我梦想拥有自己的房子，不需要购买任何东西，因为一切都可以由我自己生产和制作。"

总之，毫无疑问的是，我们的愿望是获得内心的平静！

为了找到这种平静，我们经常需要勇气和斗争，卸下自身的责任，尤其是那些本身就十分荒谬的责任，摆脱那些强加给我们的约束或蛮横的规则，阻止自身不切实际的幻想，摒弃那些局限住我们的狭隘观念和封建思想。简而言之，要想获得心灵的平静，我们需要学会反抗。

第十三章

反抗是一种美德

"我们无法阻止一个正在前进的人。"

——亨利·文森诺（Henri Vincenot）

有时候我们会对自己发火，我们希望以后的自己与现在的自己不同。我们想要变得更好、更美丽、更健壮、更聪明、更强大、更富有、更开明、更公正、更平和、更智慧、更敏锐、更理智、更富有创造力。

我们之所以会愤怒，是因为我们在逃避现实，逃避那些我们不喜欢或让我们感到不舒服的人和物，这是一种感到无助的表现。我们无法改变自己的过去，我们的父母、兄弟姐妹、发生在我们身上的悲剧、我们遭受的损失和我们对自己的亲朋好友造成的伤害等，这些证明我们存在的一切都无法被抹去。但是，我们可以改变自己看待它们的方式。我们可以选择**改变**自己看待、评估、考虑和审视自己生活的方式。我们可以**改变**自己的内心世界，让生活焕然一新，充满阳光和希望，让生命之河不断流淌。

接受自己，成为自己

我们每个人都是独一无二的。我们都有自己独特的声音、气味和步态。每个人的感知、思考和表达的东西同样是独一无二的。尽管会有和其他人明显的相似之处，但没有人能完全像你一样，按照你的方式，做你做的事。你的存在与其他任何人的存在都不同。

学会接受自我的漫漫长路

我们怎样才能接受"做自己"这件事？我们如何才能做到在任何情况下都尽可能地敢于做自己，而不是人云亦云或模仿他人？

- 自我解放的第一个阶段是摆脱童年时期父母带给我们的阴影，因为童年的阴影可能会伴随我们一生。

经历过一阵挣扎和混乱后，奥雷利安对自己的发现做出了解释。

"我想我明白了一些事。自从上次做了针灸之后，我的身体发生了变化，我感觉自己活力满满。起初我感觉非常美妙，然后我突然觉得有个声音萦绕在我耳边，它不停地告诉我：我的身体不可能如此美好，它还是和以前一样没有改变。我认为，我之所以会产生这样的想法，这背后一定有我父母的原因，因为我母亲也有这种负能量，她会否认自己身上的一切美好。我的父母认为我一无是处，他们将这种看法不断灌输给我，让我也产生同样的感觉。"

摆脱自我贬低，逐渐学会发现自己的美丽、感性、聪明、勇敢等美好品质，这是件尤为困难的事。

- 一旦我们从他人对我们的固有观念和判断中解脱出来，我们就可以从自身的感受出发去表达自我，而不是以他人的感受为准。

塔妮娅很高兴能摆脱那个被她定义为"疯狂家庭"的束缚。

"昨晚我做了一个饶有趣味的梦。在梦里，因为我妈妈认为我把巧克力蛋糕做坏了，所以她就试图让我的男友迪迪埃认为我是个'废物'。迪迪埃看上去似乎是站在我这一边的，但是他表现得不明显。最后，我的怒火全部对准了妈妈和迪迪埃，而且妈妈认为是她获得了这场争吵的最终胜利。但这个梦被迪迪埃打断了，因为他每次走路、活动的时候都会把我吵醒。我很生气，但并没有焦虑不安，然后就再次进入了梦乡。"

自从做了这样的梦之后，即使处在清醒的状态下，冒着与亲人不和的风险，塔妮娅也要想方设法地坚持自己的想法。在家人间的小争执中，她再也没有感受到"自我消失感"和"沮丧感"。

- 自我解放的第二个阶段是我们要全然接纳自身的弱点。如果我们没有意识到自己的弱点，我们就会远离真实的自我，慢慢变得面目全非。

奥黛丽在接纳自己的弱点方面取得了进步。

"以前，每当我觉得自己正在逐渐远离刚开始预设的目标时，我都会感到气馁，会担心自己还能走多远。幸运的是，我慢慢地学会了接纳自己。最近一段时间以来，我不需要经常照镜子审视自己了，也不再每天都称好几次体重了。接纳自己的过程对我而言真是太难了！实际上，一个困扰我很多年的问题是：我不明白自己想要的到底是什么。好在现在的我真正认识到了自己的弱点。目前，唯一会令我感到焦虑的事情是：一位男士想要约我一起出去，甚至只是简单出去吃顿饭。异性给我带来了新鲜感，我被这种新鲜感萦绕着，可我担心自己沉迷于新鲜感，无法自拔。以前，我都会把自己包裹起来，不听不看，就像处于沉睡的状态中，哪怕是最轻微的痛苦和焦虑我都感受不到。这就是为什么我很难和别人尤其是和我自己相处。最近我才幡然醒悟，以前的我之所以会置身事外，是因为我对生活感到恐惧。尽管还有一定的焦虑情绪，但我正在慢慢好转，我并没有完全陷入抑郁。"

每个人只能得到和他相匹配的东西，一旦我们想要得到不属于我们的东西时，我们所做的一切努力都将徒劳无功。这是多么痛苦的事啊！奥黛丽明白了这一点后，她就不再追逐一个无法实现的理想，开始接受自己的本来面目。

我们从拒绝承认自己的弱点到逐步接纳它们，这个转变过程是漫长的，绝不可能在一天之内完成，也完全不能一蹴而就。我们要靠自己的内心主动做出改变，这样的改变才能触及根本。在现实生活中，我们喜欢给自己的言行寻找合理的解释，因此我们有时会忘记本能行为通常是最真实可靠的。

寻找我是谁

这个世界灌输给我们的一些狭隘的思想观念，往好了说是让我们成为一个强大的"我"，往坏了说这种强大的"我"只是一个纯粹的表面现象，这种狭隘的观念在社交网络上广为流传。

　　长期以来，马特一直无法相信自己的价值观和真正的潜力。经过多年的心理治疗后，有一天，他通过对过去的回顾和盘点，评估了发生在自己身上的种种变化。他长舒了一口气，说道："我成功地为自己解了毒，从那些匿名者传播的低俗信息中解脱出来，摆脱了麻烦。"当一个人日复一日地处在一个残酷的环境中，摆脱那些"条件反射式"的习惯就更加困难，因为在这样的环境中，每个人都呈现一个虚假的理想化形象。

　　"这对我来说真的不容易。每天，我都面临着同样的有害刺激。我工作的行政部门就是一个很好的例子，每天都有大量低俗信息在不断地传播。但从表面上看每个员工看起来都完美适配各自的职位。每个人都表现出惊人的适应能力和非常巧妙的自我遗忘能力，每个人的工作效率都很高，而且工作都毫无瑕疵。但是这实际上都是假象。在美丽的外衣下，酝酿着恶意、嫉妒和极具破坏性的冲动。自从我在这里工作以来，就饱受这种环境的折磨。有人甚至通过写举报信这种"自杀性"的方式揭露了这个看似文明，实则煎熬的工作环境。然而大多数人还是选择以道貌岸然的形象继续生存下去。"

　　马特的言论看似夸张，实则不然。他花费了很长的时间去慢慢调查和分析，才能如此明确地肯定自己的工作环境中存在这样令人难以置信的残酷现实。如果他公开谈论此事，没有人会相信他，只有那些有过这种体验的人才能为他作证。由于马特胆识过人，他决定与这种制度对抗，然后换家公司，在一个规模较小、声望较低，但员工之间相互尊重的机构找一份工作。

　　像马特一样，许多人发现他们自己已经被他人的思想所束缚和污染了。他们的脑海中充斥着一些粗俗的、不堪入目的、琐碎的信息，这些信息给他们造成了严重的精神伤害和精神污染。对这些人而言，他们无法成功建立自我认同感，为了迎合他人对自己的看法，他们最终会为自己创造出一个虚假的、标准化的形象。

　　我们如何才能找到自我？以下这些是经过反复实践被认为行之有效的途径，可以促进我们获得自我发展并找到自我认同感。

- 尽管我们都对目前的处境和生活感到沮丧，我们依然要活在当下。
- 我们需要摆脱模式化和条条框框，屏蔽周围的人、媒体和社交网络传达出的陈词滥调和偏见。
- 当我们处于无助、被误解或思维混乱的状态中时，我们要花费时间去学会和负面情绪相处，学会正确面对它们。
- 学会独处。拥有独处的能力可以使我们认识自我、张扬个性、实现自我欲望的满足。
- 不断培养自己的赞美能力、想象力和主观能动性……

　　就寻找真实的自己这件事而言，我们每个人都能根据自己的潜能和偏好，为自己量身定制一套方案。这种能力在孩子们身上体现得淋漓尽致。

　　卢多维奇在一个动荡不安的环境中长大。10岁时，他和自己患有精神分裂症的母亲一起生活。母亲的状态十分令人担忧，她时而彻底消失，时而神出鬼没；时而像是一个哀怨的小女孩，时而又表现得像一名完美的母亲；时而她会突如其来地暴躁，成为名副其实的施暴者，时而她的愤怒又转瞬即逝。卢多维奇学会了如何和他的母亲"相处"，但这并不妨碍他想要与现实抗争。面对这样的母亲，他感到厌倦、不理解，甚至是绝望。渐渐地，这个相对于他年龄显得过于成熟的孩子接受了现实，接受了自己有这样一位不完美的母亲和自己阴郁的生活，他说："我的生活一片狼藉，我就像活在一片连续打了十年仗的战场上一样。"作为一个被虐待和对未来不抱任何幻想的孩子，卢多维奇准确地描述了他真实的内心感受。他明白只有认清现实，把一直以来对美好童年的期望搁置一旁，自己才能获得成长和发展。那天，卢多维奇痛哭起来，无法停止。但我们能够倾听他、帮助他，对他表现出由衷的接纳和怜悯，使他感到不那么孤独，我们也感觉到他拥有一股强大的内在力量。

在与他人交往的过程中，我们与他人会产生思想交锋，这有助于表明我们的看法、态度、信念以及我们选择的生活方式。因此，我们不仅需要接受自己会被讨厌，学会承受别人的失望，而且需要有反抗的能力。

我知道，我存在

存在，就是做自己，展示自己，这通常需要我们拥有说"不"

的勇气。在人生道路上，我们要大胆选择人迹罕至的那一条。然而，挣破束缚和实现心愿都并非易事。

每种情况都是独一无二的

我们很难在服从和不服从之间做出明智的选择。这个问题的原因值得我们研究，因为面对各种情况，每个人都会有自己的标准。我们需要具体问题具体分析，在个案的基础上，带着敏锐的判断力、坚毅果敢的决心以及人情味，找到最终的解决方法。

克莱奥详细说明了她是如何在与自己、与他人的对话中进行道德评判的，她解释道："如果我选择服从，就需要尊重那些我服从的人，并判断他们的要求是否恰当。如果他们的要求能让我不违背本心，我就不会反对。例如，作为一名记者，我曾在工作中拒绝拍摄一位母亲，因为她的女儿刚离开警察局就失踪了。其他媒体对她进行了拍摄，并不断通过提问来骚扰她；对我来说，这种事我做不出来，这不适合我。类似的情况出现过好几次，我拒绝了别人要求我做的事，因为我不是个冷酷、凶狠、贪婪的人，我也不想参与那样残酷的游戏。"

有时，与其等待合适的时机或听人摆布，选择不服从会让我们更加容易获得成功。

罗莎也同意这个观点，她说道："是的，我会选择不服从，但我不会直接反抗。我总是喜欢采取巧妙的迂回方法，优先考虑跟事情相关的人，然后再考虑既成事实。"

这样做有利于避免不必要的冲突、无休止的讨论和浪费时间，同样有利于我们坚定决心不动摇、减轻压力，甚至避免受周围人的操纵。

逆流而上

不服从不仅是一种反抗或叛逆的表现，也是一种态度。这种态度鼓励我们勇于走自己的路，敢于打破常规，避免因循守旧。

布兰丁评价自己是敢于不服从的人，她坦言："我十分擅长逆潮流而动和打破常规，总是会遵从自己内心的欲望和真实想法。例如，为了享受第二天保持良好状态的乐趣，我可以很轻易就拒绝出去喝酒；我经常会被那些被认为'男性化'的活动吸引：小时候我就开始打鼓，喜欢恐龙，骑公路自行车。"

有些人从没想过要与众不同或者技惊四座，却想要按照自己的意愿生活，享受自由，彰显出自己的生活品位，发自内心地肯定自己独特的主观能动性，布兰丁就是其中之一。

"我唯一的底线就是不伤害我爱的人以及不做那些不利于我工作的事情。在工作中，我从来都是不服从者。"

当我们进行自我评价和自由选择时，内心会产生道德性焦虑。特别是当我们感情用事，做出的决定对他人产生了影响，造成了一定的后果时，我们自然就会审视自己的底线，学会尊重身边人的感受。

玛蒂尔达明确发表了意见："我经常在做决定之前权衡利弊，尽可能做到仁慈和道德，我不知道这样做是不是因为我渴望成为一个好人。不过，当我真的很在意某件事时，我就很容易产生反抗情绪，比如面对宵禁这样的情况时，我就会很抗拒。"

我们思考再三之后决定什么该服从，什么不该服从，这的确是一种个人能力。这种能力体现了我们的生命力和决心，并不意味着冷酷或挑衅。

为了做到这一点，尽管我们对批评和拒绝心怀恐惧，也需要鼓起勇气，坚定自己的信念和决心，独立思考、发现自我，忠于自己。

所以，我们要敢于不服从，不再取悦他人，勇敢地做自己，走自己的路。这需要我们培养出对自己情绪的感知力，提高对情况的理解力，同时激发自身的行动力，学会坚持自我，学会反抗。

第十四章

接纳自己的缺点

"他忘记了自己曾经是多么脆弱。难道人一旦恋爱就会变得敏感脆弱吗？在每个瞬间，都会害怕因为一个失误、一个糟糕的回答、一个不合时宜的词语而失去一切吗？人们到了 40 岁时还会像 20 岁时那样产生自我怀疑吗？"

——德尔菲娜·德·维冈 [1]

（Delphine de Vigan）《地下时光》

① 德尔菲娜·德·维冈，法国中生代颇受瞩目的小说家。《地下时光》获法国科西嘉读者奖。——译者注

在我看来，近来一些心理学演讲的内容发生了变化，这种改变似乎在一定程度上反映出了社会的进步。几十年来，我们每个人都在羡慕别人、向往成为别人，或是想方设法让自己变得更好。为了达成这个目标，我们不得不"付出努力"和"发奋图强"。然而，如今社会上出现了一种更容易理解和践行的新观念，那就是：**我们开发自身的潜能**只是为了实现自我发展和证明自己存在的价值，而不是出于让自己变得更好等目的，去费力争取那些不属于我们的东西。

我们都明白，有时候我们很难做到"爱自己"。这就是为什么我主张我们要尽可能地去精心打造高品质生活并品味其中的美妙。

无论从个人层面还是从集体层面来看，打造高品质生活都至关重要。它的巨大优势在于能使我们减轻负担，更好地做自己，将焦点重新放在自己的工作和生活经历上。萧伯纳[①]曾贴切地指出："生活不是寻找你自己，而是创造你自己。"

---

① 萧伯纳（1856—1950），英国剧作家，评论家，代表作：《圣女贞德》。——译者注

换个角度思考——迈向元认知疗法

心理学家研究发现，那些以自我为中心的人和墨守成规的人通常会活在自己的小世界里。一旦他们平静的小世界被打破了，他们就会丧失安全感，出现情绪失控的现象。事实上，经过几十年的研究，精神科医生和心理治疗师已经证明，激素的缺乏、创伤或是环境缺陷会导致精神障碍。

阿德里安·威尔斯、汉斯·诺达尔、杰拉尔德·马修斯、劳拉·卡波比安科、皮亚·卡列森，这些来自英国和丹麦的精神病学家和研究人员证实，大多数精神障碍患者并不属于上述情况。于是他们开发了一种新的心理治疗形式，称其为"元认知疗法"，这种新型疗法的有效性远超其他所有传统疗法，比如精神分析法、认知行为疗法（TBC）和正念疗法。根据他们的治疗实践，"精神障碍并非来自遗传基因、环境和所谓的'消极'想法，而是源于错误的心理策略。"[1] 他们提出了一项简单有效的黄金法则，即使对那些生活一帆风顺的人也同样有效，那就是鼓励人们"将注意力集中在其他事情上"。[2] 特别是当我们把注意力放到那些给我们带来快乐，引发我们的兴趣，使我们感受到激情、愉悦、新奇和放松的事物上时，这一法则会发挥更大效用。

---

[1]　该疗法的治疗成功率为 70% ~ 80%。皮亚·卡列森. 王倩倩，译. 焦虑是因为我想太多吗：元认知疗法自助手册［M］. 北京：机械工业出版社，2022.

[2]　参考资料同上。

回归生活本来的样子

让生活回到它本来该有的样子，意味着我们要学会去繁就简。我们的思维和情绪也是如此，很多时候我们需要适当放空。我们无须长期笼罩在童年的阴影下；无须强迫自己改变"消极的观念"；无须从理想主义者变为现实主义者；无须陷入无穷无尽的反省中，总是诉说自己的苦难以及由此产生各种负面的想法和情绪。因为这样做只会不断加剧我们的焦虑和不适。好消息是，只要我们学会顺其自然，保持情绪稳定，大脑就会自然地进行自我调节。

我们之所以能够进行自我心理调节，是因为我们天生就具备创造力，我们的创造力来源于直觉，受潜意识的启发。如果我们不试图去压抑自己的内心和情感，我们的心灵就能实现自愈，能够进行自我反省，理解及分析我们痛苦的感受，让"某些想法、画面和冲动短暂出现，然后自行消失"。[1]哲学家路德维希·维特根斯坦[2]的结论是，我们不需要思考和反省，只要让我们的心灵自己找到答案，当我们第二天醒来时，或当我们在沐浴、发呆或散步时，答案便会摆在我们眼前。

以下这个例子说明了元认知的作用，证明了我们的心灵具备创造力，能够自我调节和自我修复。亚德住在一个朋友家时，误

---

[1] 皮亚·卡列森. 王倩倩，译. 焦虑是因为我想太多吗：元认知疗法自助手册 [M]. 北京：机械工业出版社，2022.

[2] 路德维希·维特根斯坦，作家，哲学家，分析哲学创始人之一，语言哲学的奠基人。

会了朋友们开的一个玩笑，他觉得在场的一个女性朋友在嘲笑他，而且她的语气很是尖酸刻薄。当天晚上，亚德迟迟无法入睡。天亮之后他和这个女性朋友交谈，想弄清楚她究竟想对自己表达什么。而这个朋友却责备亚德"小题大做"，并说他"过度敏感和偏执"。当时，亚德认为她是在开玩笑，于是他还是留在了朋友家，保持着愉悦的心情度过在朋友家的日子，并把注意力放在了其他事情上。但他一回到家，"过度敏感"和"偏执"这两个词又回到了他的脑海中，他有种奇怪的感觉，而且产生了持续性的不满情绪，他认为这些针对自己的指控是不合理、不公平的。当他在心理治疗的过程中提及这件事时，他能够确认自己当时的感受和判断是正确的，他的"朋友"在交流过程中对他施加了言语暴力。随后亚德再一次转移了自己的注意力，不再过分纠结这件事，慢慢地他就把这个小插曲淡忘了。几周后，他自然而然地明白了，因为他无法探明这个女性朋友的真实意图，导致他的思绪陷入了一片混乱，他必须对现实情况做出解释，却无法了解自己内心真实的想法。由于受到了他人的批判，他自然需要把问题了解得更清楚一些，所以才与之交谈，想和她开诚布公地讨论这件事，但最终也没有得到回答。在这个例子中，亚德能够对真实发生的事情进行主动思考，意味着他在朋友家逗留期间所遭遇的情感和情绪上的所有难题，在他自然而然的自我修复过程中已经逐步解开了。

通常，所谓的"易怒""过度敏感"，甚至是"偏执狂"，这些词语看起来可能不是那么友好，但其实这只是一个对人际关系进行**深度量化处理的过程**。那些突然出现的、出乎我们意料的嘲笑会导致我们产生思绪错乱，会让我们对玩笑的定义产生疑问：他人是在批评我们，还是在责备我们？这甚至可能会令我们感到片刻的沮丧或悲伤。然后，在疑问没有得到答复的情况下，我们尝试通过想象对方的意图来对这个问题做出解答。在这个阶段，我们最好不要使用逻辑推理、进行场景重现或重述他人所说的话，而要学会调动自己的潜意识，让它自然而然地发挥自己的作用，让我们能够对情况产生清楚的认知，避免那些对我们明辨是非造成障碍的、与事实不相符的诡辩。这样，我们对事实的正确认识就会逐渐浮出水面。

因此，我们要正确对待他人的评价，与这些评价保持适度距离，因为他人对我们知之甚少，我们才是最了解自己的人。只要我们给自己充足的时间，我们就能够做到自我调节和自我修复。

依赖会带来什么结果

简而言之，我们想要找到自己的生活，最重要的是要敢于做自己，而不是去试图做"正确"的事或盲目羡慕别人。在培养创造力这条道路上，我们自身的依赖性是最后一个根本性障碍。依赖性会促使我们认为小富即安，满足于小我的充实与富足，并自此停滞不前。最终，我们会在无意识状态下产生对人或事物的过度依赖以及虚假需求，会变得更加脆弱，无法开创新的可能，更无法展翅高飞。

像婴儿一样执着于口腹之欲的满足

从表面上看，有些依赖性源于我们对自己的放纵。那么，这些依赖的常见类型有哪些呢？

包括玛丽安娜在内，许多美食爱好者甚至是贪食的人告诉我，他们通常会对糖、食物、咖啡等产生依赖。他们在饮食方面会出现强迫行为，特别是当他们感到压力大、孤独、心烦意乱、对他人和自己失望时。

布兰丁证实了这一点，她说："我主要是对咖啡和食物上瘾。我吃东西是为了安慰自己，为了控制和排解自己的情绪。如果我感受到疲劳、压力、焦虑、悲伤等负面情绪，我就会吃比萨、汉堡、寿司、墨西哥卷饼等，越油腻的东西越好。"

暴食症患者们告诉我，他们在吃东西时会狼吞虎咽。这样的进食方式就像一种对自己的惩罚，这是一种自毁的方式，我们会有挫败感，会变得丑陋不堪，也会丧失吸引力，完全不利于我们发挥创造力。此外，我们通过这样的暴食行为也无法麻痹自身的恐惧和痛苦。不过，在满足口腹之欲的过程中，我们也能发现生活中美好的一面。

这也是玛蒂尔达的观点，她说："我已经对茶形成了依赖。我养成了饭后喝茶的习惯，当我喝不到茶时，我总感觉缺少点什么。

我也喜欢喝酒，但我并非酒精成瘾。如果能喝上一杯上好的红酒或一瓶冰镇啤酒，对我来说那就是真正的快乐。比起呼朋唤友，我更喜欢独自一人小酌带来的乐趣。因为在社交场合中，酒的数量优先于质量，我认为独酌能让我慢酌细品，享受生活。"

的确，和别人在一起的时候，我们很容易摄入过量的酒精和食物，快感也会转变为反感。根据经验，我们知道当和自己的家人或朋友在一起时，自己会倾向于吃得更多。就我自己而言，无论我做了多少准备或多么注意，总有那么一刻我会失控，然后就会摄入过量的食物。最终，我会产生身体上和心理上的不适，既无法获得品尝美食的满足感，又无法与亲朋好友一起共享欢乐时光。

活出自己真实的本性

有时，适度的依赖是一种我们抚慰自己的方式，会让我们感到放心，会给我们带来安慰，也会让我们平静下来。它能够减轻我们的恐惧或担忧，使我们感觉自己更加强大，即使这只是一种主观的感受。信息时代下，我们被信息技术"操控"，这是现代化信息技术发展带来的负面影响。我们会被手机屏幕上那些虚假的"安慰"欺骗和蒙蔽，从而导致我们对手机产生依赖心理。

克莱奥说道："我觉得沉迷于手机会带来很多危害，一年中有好几次我都会尝试不用手机。我试着去删除那些使用频率不高的社交软件，而且我会删除那些通知消息，让手机一直保持着绝对的静音，也就是说我甚至连振动都没有设置。"

同样，玛丽安娜也注意到了她对手机和社交网络的沉迷，这令她感到烦躁不安，她也在尝试着从这种沉迷中抽离出来。

"之所以这样做是因为我有一种强迫症，即使我一直保持着清醒和客观，我也会仔细浏览那些'点赞'的内容。我想，我也有一定程度上的情感依赖。我需要经常见到朋友们，去感受他们依然在爱着我，他们没有厌倦我。否则，我很快就会感觉到自己被抛弃了。我最亲近的弟弟也跟我是一样的情况。我不觉得这有什么奇怪的，但这也证明我确实有依赖性。如果不这样做的话，我会觉得生活中缺失了什么东西。"

在我们感到孤独、体会到缺失感、经历了与所爱之人的分离后，我们会产生一种极其强烈的渴望，即我们想要与他人建立更为紧密的关系或与某个人建立某种特殊的关系。当这种情况发生时，依赖心理会让我们在人与人的相处中变得痛苦，我们会把过多的个人感情寄托在他人身上，令他人感到难以承受。我们自己也会被这种对他人过分的渴求折磨[1]。情感依赖会让他人感受到被冒犯，我们也会成为他人的负担。我们的这种"渴求"是非理性的，这不仅是一种心理层面的感受，而且是我们血液中的多巴胺、血清素、催产素和内啡肽的浓度不再平衡而导致的结果。

罗莎倾诉道："我会有某种程度上的情感依赖。也许是因为小

---

[1] Saverio Tomasella, *Les Relations fusionnelles,* Eyrolles, 2016.

时候妈妈经常爱抚我，所以我有很强烈的情感需求。如果我发现亲朋好友们，尤其是我的男朋友，没有给予我足够的爱意的话，我就会感到很难过。"

我们愿意将美好的瞬间留存在记忆中，我们怀念那些柔情似水的时刻，从中感受到了幸福的滋味，充满爱意的瞬间在我们的心中蔓延流淌。

我们仿佛回归到了真实的自我，找回了被爱和爱人的能力，慢慢懂得了如何创造属于我们自己的生活，也懂得了享受生活，会在平淡无奇的生活中体会到幸福。因此，某些形式的情感依赖实际上是我们与内在本性重新建立联系的渴望，这种渴望本身具有创造力，也带有人际关系的属性[1]。

克莱奥非常坦率地表达了她对于自己身上存在的依赖心理的恐惧。她坦言："我无法忍受自己对某件事或某个人的依赖。当我陷入恋爱或是对自己的朋友十分在意时，我会感到害怕……为了免受这种痛苦，我会采取一种不同寻常的态度，那就是疏远他们，我会尝试着跳出人际关系的圈子，因为我是个独立的人！"

面对自身的创造力，我们会产生逃避心理。这是因为我们非常害怕被抛弃，害怕内心的空虚和绝望[2]。因此，没有人能逃过依赖心理的陷阱。它极具危险性，太多的人会因缺少陪伴而感到痛苦。弦外之音是，依赖心理会让我们一直都保持着孩子般的状态，而且是一个不能自理、完全由他人照顾的孩子，让他人站在我们

---

① 爱与创造是每个人的天性。

② Saverio Tomasella, *Le Sentiment d'abandon*, Eyrolles, 2008.

的角度替我们思考、说话、行动。

事实上，我们也许从根本上就非常依赖一种虚构的安全感。我们想要阻止生命的流逝，预防危险、避免失望，但同时这也阻止了生活中惊喜和新鲜事物的到来。这样一来，我们很快就会沉迷于享乐和舒适，对已知事物、惯例常规形成依赖。总而言之，请不要忘记，我们在不知不觉中依赖的那些基准、原则、信念和价值观构成了我们的存在本身。我们对自己认定的东西深信不疑，更青睐那些能佐证自己观点的人和信息来源，很难甚至几乎不接纳改变。我们变得迟钝或刻板，有时甚至无法理解那些与我们思维方式和生活方式不同的人。所有的这些因素都严重阻碍了我们挖掘自身的潜力，并永久地剥夺了我们自由发挥创造力的权利。

如果再进一步深入挖掘，我们就会意识到，与其说问题在于是依赖还是独立，倒不如说我们要**根植于自身**，专注于自己的身体和生活，让自己成为自己的基准，以免过于依赖他人的意见或看法。我们需要重新找到自己的主观能动性，将自身的独特性发扬光大，这样做不仅是为了自己，也是为了他人。

第十五章

"我因我们而存在"

"长久以来，我笃信这样一种哲学：解释世界是为了更好地掌控世界。后来我才发现，这些抽象的理论是多么荒谬。它们时而是无用的、毫无意义的偏见，时而是学术问题上的喋喋不休。唯一值得坚持但我们却不断错过的事情是，寻找我们生命的意义、发现人性的弱点以及爱情的脆弱。"

——米凯拉·马尔扎诺（Michela Marzano）《轻盈如蝶》

目前，我们正在经历一场全球危机。这场危机颠覆了我们之前对自我、生命和世界的参考标准，一些文化正在逐步消亡。在这些衰落的文化中，感性被视作一个弱点，特别是对于男性来说。因为他们相信，作为一个男人，必须憎恶并拒绝承认自己的脆弱，要表现出自己的"男子气概"，才会被认为是个坚强的人。这种荒诞的理念正在经历一场全球范围内的崩塌，我们也应该重新定义"男子气概"。我们希望自己能为疲惫的心灵解压，再次感受到内心的轻松，开始自由呼吸，学会和我们的情绪共处并将其表达出来，按照我们自己的意愿创造新的生活。

接受命运的恩赐

实际上，我们每个人都是脆弱的，这一点是不可辩驳的。无论为了生活还是为了感受到自我的存在，我们都需要和他人进行人际交往。脆弱使我们能够意识到自己的需求和局限，同样也使我们意识到自己的欲望。在人际关系中，适当坦露自己的脆弱反而更容易让别人接近我们。现在我们明白了，人与人之间是相互联系、相互依存的。那么，我们该选择哪种方法与他人建立联系？我们需要着重培养自身的哪些品质去维持这些联系呢？我们一定要坚信，我们可以与他人携手打造更加美好的世界，让自己充满活力地开始新生活。

我在其他地方已经探讨过"乌班图 ①"这个词，这是种基于和他人建立联系的生活哲学，我们可将其翻译为"我的存在是因为大家的存在"。南非前总统纳尔逊·曼德拉对这种生活哲学十分推崇，他认为这会为和平提供助力。在此，我想强调的是个人成就和人与人相互成就之间存在显著联系。如果幸运的话，我们有机会与他人互相成就，为自己和他人提供表现创造力的机会。

我们自认为能够顺其自然地接受命运的馈赠，甚至可以坦然承认这是命运给我们的礼物，然而实际上大多数人做不到这一点。你是否还记得自己难以接受一份礼物、恭维和邀请的时刻？你会作何反应？你会感到不适吗？你害怕自己会亏欠别人吗？你不认为这份礼物是你应得的吗？你感到为难吗？你不知道该怎么应对吗？

我们能坦然接受他人或命运赠予的礼物，意味着我们对新事物和创造力保持着开放的态度。我们每个人都有存在的价值，我们可以从他人身上和生活中感受到爱。敞开心扉并全然接纳命运赐予我们的礼物，不仅使我们摆脱了桎梏，还会让我们变得更有创造力，这也是生命的一种馈赠。

---

① 乌班图是祖鲁语中的表达方式，原本表述的是非洲南部传统的价值观念，着眼于人们之间的忠诚和联系，大意是"你中有我，我中有你"。——译者注

创造属于自己的生活

我们只有找到心底的热爱和渴望，才能着手去实现自己的梦想，即使这些梦想朴实无华。不可否认的是，我们如果想要做到这一点，重要的是要获得属于自己的真正的自由。自由是人的自我意识的真正实现，是我们进行的第一项伟大、可持续且能够无限延续下去的创造。

克莱奥显得很兴奋，她非常认可这个观点。她说："我的座右铭就是自由。我也在尽自己所能去做到这一点。从任何角度来看，我都渴望感受到自由。但这是种奢望，因为我们从来不曾真正自由。即使作为一名自由职业者，我也会受制于自己的雇主，但好在我能最大限度地选择自己想要做什么工作。通过练习瑜伽和接受很多智者的点拨后，我才意识到了这一点。"

寻找属于自己的生活要建立在摆脱束缚和学会反抗的基础上。对一部分人来说，追寻自己想要的生活要从脱离自己的原生家庭开始。

布兰丁的话证实了这一点，她解释道："自从我离开家人之后，我就一步步朝着自己想要的生活迈进，能够和内心的憧憬保持步调一致。我一直都明白自己想要远离父母，独自在大城市打拼。19岁的时候，我离开了热尔省，来到巴黎学习创意视听，毕业后我就留在了这里。11年来，我一直都在实现梦想的道路上不断前行。离开母亲之后，我摆脱了她的控制，也不再受制于那些未成年时期她不允许我做的事情。我知道我必须离开他们，因为只有这样我才能为自己而活。"

然而现实情况是,我们很难摆脱束缚。因为我们可能会在人生的旅途中遭遇各种障碍,在人生的艰难考验和亲朋好友的殷切期望下,我们会产生许多顾虑,总是很难开始做一件事。

玛蒂尔达坦言:"我渴望稳定的生活,比如建立家庭、购置房产等,但我还是很难接受自己的这个想法。像其他人一样,我也会有种受制于社会规则和父系制度的感觉。我从内心深处明白这背后的深刻原因,那就是我想要修复我的家庭关系。毕竟,这个理由对我而言已经足够充分了。"

到目前为止,玛蒂尔达认为自己每次都做出了符合自己预期的正确选择。她十分坚信自己正在追求一种向往的生活。

"我不会强迫自己做什么,但我知道为了达成目标必须全力以赴。我想在这一点上,我能保持一定的平衡。"

集体的智慧

当然,有时候我们的愿望会和他人的愿望不谋而合。这样一来,彼此之间会从对方的愿望中汲取灵感,我们的想法也会不断丰富和完善。因此在与亲朋好友的人际交往中,我们会寻求建立更多融洽和谐的人际关系。

罗莎最终能够如愿以偿,得益于她的坚韧不拔。"通常情况下,我是一个很有进取心的人,敢想敢干。对我来说,无法完成一个计划总是令人失望的，因为它会一直萦绕在我的脑海中，有时候我会同时考虑好几个计划！我会一直推动这些计划的实施。两年前，男友向我提出开办网络电台的想法。我自己之前从来没有过这个想法，但从很久以前我就希望涉足电台领域。在求学期间，我把运营电台当作业余爱好，也积累了一些经验。所以我立即启动了这个项目，两个月后，我的网络电台就开播了。"

一旦我们开始实施一个计划，就需要找到长期稳定的人力资源，这些人可以为我们提供帮助，甚至能够接管这个计划并将其继续实施。因此，我们获得的很多成就实际上是共同的成就、是集体的成功。举例来说，这就如同室内乐团共同完成的一首作品。

大提琴家索尔·贝加塔讲述了自己是如何与钢琴家贝特朗·查马尤建立合作伙伴关系，朝着艺术之路不断迈进的。

"我们是如此信任彼此，无须多余的步骤，我们就可以直接开展实质性的工作。和贝特朗一起工作让我发现了自己的另一面，我感觉自己和他如此亲近，有种相见恨晚的感受。在合作中，我们的想法会不谋而合、融为一体。当我们一起演奏时，我觉得彼此之间的意图是共通的，我感受到了自由。这就仿佛我明明是独自一人，却拥有两个人的力量。"

当人们在一起创作时，双方彼此欣赏和崇拜、充满激情、干劲十足、互相信任，朝着共同的目标努力迈进，还有什么是比这些更美好的事情呢？

个人造就集体

我们都会经历从儿童，到青少年，再到成年人的阶段。在这个过程中，我们会被群体观念禁锢，承受着一些主流思想带给我们的精神负担。因此我希望我们能够与他人开展一些合作，创造双赢的人际关系，促进我们的人际交往向自由、对等、公平的方向发展。这意味着在人际关系中将不再出现一方对另一方的控制和支配。这种新型的人际关系基于明确的互惠互利原则和双方共同的决策。最重要的是，在这样的人际关系中，我们会希望能与他人一起，为创造一个更人性化的世界做出贡献。

我们与他人开展合作的方式很简单，主要是通过信息自由和表达自由这两种方式。实际上，这两种方式已经存在于我们和他人的人际交往中。玛丽安娜回忆道："我正在尝试改变自己的一些消费方式。我也会设法搜集各种信息、与他人交换意见和探讨问题。"

在人际关系中，我们经常会快速做出判断，我们会批判他人并对他人的言行做出错误的解释。这样一来，我们就会彻底误会别人，搞错了他们的意图和内心的真实想法。如此做法对他人造成的伤害远比我们想象的严重，我们剥夺了他人与我们合作的机会。

布兰丁认为懂得尊重别人是一种智慧，她表示："我尽量不评判任何人，我会试着沟通，让人们对自己的观点做出解释，以免从他们的行为中仓促得出结论。我希望尽一切努力对他人展现出仁慈、耐心、宽容和理解，我会承认自己的错误并在必要的时候道歉。"

我们也能保持像布兰丁这样的良好的态度吗？更准确地说，难道我们没有发过脾气、闹过别扭、为了坚持自己的立场而让自己和他人的关系变得剑拔弩张吗？打造富有创造性的人际关系有利于我们接纳人与人之间的差异性，承认他人与我们的不同，学会有效倾听，缓和紧张的关系。

玛蒂尔达承认："我会去倾听别人，我认为这是我们在人际交往中首先应该去做的事。在我们快节奏的生活中，手机无时无刻不在弹出各种各样的通知消息来干扰我们。因此我认为，我最大的美德就是有意识地去屏蔽这些消息并能够真正倾听他人。如果我们真的能够倾听彼此，世界定将因此而变得更美好！"

根据玛蒂尔达的观点，我们可能会发出这样的疑问：学会倾听真的会让我们的世界变得更美好吗？我的答案是肯定的，而且不止我一个人这样认为。

克莱奥也这样认为，她说道："我试图去真正倾听周围人的声音，并考虑他们的感受和情绪。我尝试去同情他人，即使是那些给我带来痛苦或者我不太喜欢的人。我相信世界会因此而变得更加人性化，我们能够尽可能专心致志地做自己。在我的实际工作中，我总是尽我所能地让自己不要成为一台机器，对遇见的所有人保持基本的尊重。我把发言的机会交给他们，自己则付出时间把事情做好。我会倾听学生的想法，每次上课前我都会问他们过得如何。我很幸运，因为今年他们总是会给我正向的反馈，告诉我他们感觉很不错，即使是远程授课他们也听得进去！这真的使我发自内心地微笑，我希望自己能够做一名好的倾听者。"

事实上，我们在专心致志倾听他人的过程中会表现出善意，这种善意会使我们的人际关系形成一个富有人情味的良性循环，他人也会给予我们正向反馈。

罗莎证实道："我微笑着向遇见的人们打招呼。我试图在任何情况下都表现出耐心和善良。当我面对一种剑拔弩张的局面时，我会尝试换位思考，站在他人的立场去理解他们的行为。我会祈祷，会尽可能多地关注周围的人以及他们的感受，试图学会尊重自己和他人的生活方式。我努力瞪大眼睛，寻找周围美丽的事物。简而言之，我只是在尝试让自己的言行更富有人情味。因为我认为，每个人彰显出的人性能够且必然会造就一个全新的、更美好的世界。如果个人不愿从自身开始做出改变，那么更伟大的事业将永远不会成功。"

创造一个更美好的世界，这是我们人生中最伟大的目标。毫无疑问，在每一次与他人的相遇中，我们由于志趋善良而有所成就，也培养出了自身的创造力，变得更具有人情味。正因如此，我们才能够开创一个新世界。

接纳自己

当我们感觉不到被爱时，我们就不会爱别人。我们与他人的人际关系会变得复杂，人际交往会变得更加艰难，甚至有时会陷入僵局。我们会变得傲慢、愤世嫉俗、垂头丧气，会嫉妒或蔑视他人，慢慢变成悲观主义者。即使这些负面情绪并没有给我们造成毁灭性打击，我们也会因为自身的不幸、他人的不幸和世界的不幸而深陷在痛苦中，感觉丧钟是为自己而鸣。同时我们还会面临着被这种毁灭性倾向所吞噬的危险，比如实施危险的行为，滥用酒精或药物。

反之，当我们感受到被爱时，我们就可以将那些爱我们的人投来的饱含爱意的目光内化，然后我们就能学会爱自己。所以请不要犹豫，将我们对他人的关心、感激和爱意全部表现出来，因为我们给予彼此的温柔有助于治愈这个世界的创伤、痛苦和绝望。

经常会有人问我这样的问题：爱自己难道不是自恋的表现吗？

不，恰恰相反，爱自己是我们拥有健康身体的基础。珍惜、呵护自己，可以让我们感受到存在的价值，也能让我们学会倾听自己与照顾自己，以及关注自己的身体、饮食和睡眠等。

通过真正意义上的爱自己，我们能够培养出真正的自信和自尊，意识到自己的能力和局限，挖掘自身的潜力，实现自我的充分发展，更好地去爱自己身边的亲朋好友。

为了与他人一起创造一个美好的世界，让我们一起思考下列问题：

我们梦想中的生活是什么样的？

是什么阻止了我们去创造向往的生活？

是什么使我们垂头丧气、失去活力、筋疲力尽？

是什么让我们活力满满、心旷神怡？

我们具体要怎么做才能改善我们的人际关系？

我们如何在日常生活中培养创造力？

第十六章

激发创造力的过程

"创意是将似乎不连贯的事物联结在一起的能力。"

——威廉·普洛默（William Plomer）

在我们彻底摆脱阻碍我们从事一项工作的束缚后，接下来我们应该如何培养自己的创造力和表达力？

我们要寻找新的可能性，其中包括找到一种新的方式去生活、去爱、去创造，前提是我们要保持积极开放的心态：信心满满、轻松自如、无拘无束、不受限、回避惯性思维、解放思想、发挥全方位的创造性、培养发散性思维等。但我在此并非强迫大家必须秉持这种态度，只是希望大家能够接纳它，允许它的存在，我们大可选择放任自流、随遇而安。

创造力的起源

创造力的心理结构对每个个体而言都是相同的，其中最显著的特点是创造力是多种心理因素构成的复合体，具有多维性，形式和内容都十分复杂，但这种复杂乍一看并不明显。创造力的觉醒也是如此，这是一个充满不确定性的漫长过程：我们的创造力不知从何而起，也不知归向何处。

培养创造力的一个必要条件就是：不要渴望也不要试图去提前了解最终的结局。另一个有利于培养创造力的条件是：不要把想法分为三六九等。想法没有伟大和渺小之分，重要的是我们是否能提出实质性建议（内容），而非其形式（容器）是否华丽。所有事物之间都存在普遍联系，我们常说细节决定成败，一些细微的念头往往能够发挥重要的作用。

内部时间是一天中我们自己状态最好、精神最佳的时间，这个时候做事的效率会很高，我们每个人的内部时间都不同，它对我们培养自己的创造力提供支持。然而，与内部时间不同，公制[①]时间是我们培养创造力的障碍之一。以下是安伯托·艾柯[②]关于公制时间和内部时间的解释。

"21 世纪初的巴黎，有一位名叫亨利·柏格森的先生，他认为时钟上的公制时间和我们自己的内部时间是不同的，应当把二者区分开。一种是真正的时间，即生活和具体的时间，也就是内部时间；另一种是科学的时间，即度量和抽象的时间，也就是公制时间……如今，我们身处机械文明时代，被时钟上的公制时间主导，不得不承受着机器对我们的控制……有时这会使我们忘记时间的延续。最终，钟表变成了一个'物种'，一个夺走我们记忆维度的敌人[③]。"

我们可以通过摆脱公制时间的限制来唤醒自己的非自愿记忆[④]，这是由感官线索诱发的（特别是嗅觉），对过去事件的不自觉

---

① 公制亦称"米制""米突制"，创始于法国。——译者注

② 安伯托·艾柯（1932—2016），意大利作家，是一位享誉世界的哲学家、符号学家、历史学家、文学批评家和小说家。代表作《开放的作品》。——译者注

③ Interviewé par Daniel Soutif, *Le temps, vite!*, Éditions du Centre Pompidou, 2000.

④ 20 世纪作家马塞尔·普鲁斯特创造了"非自愿记忆"一词，这是一种由气味、味道甚至声音引发的奇怪记忆现象。——译者注

却生动而富有感情色彩的重温，被称为"普鲁斯特效应"。即使我们没有意识到这种记忆，也能够从中汲取力量。因此，成功发挥创造力的首要条件之一，是我们能够将一天中的很大一部分时间用于避免让自己处于紧张状态，能够打破常规的生活节奏。因为这些常规节奏通常是疯狂的，它以调节生产率为导向，很容易使我们变得肤浅或陷入机械性的循环往复。这样一来，每一天的生活都周而复始，毫无新意。

创造力不是一种"美德"，创意也没有好坏之分，同样不存在好主意或坏主意的说法，因为所有想法从它们被提出的那一刻起就被我们赋予了意义，提出一个想法这件事本身就意义非凡。正如导演兼演员奥利维尔·沃纳所说的那样："演员是一种充满创造力的职业，演员也很富有想象力，能够将一部作品中的隐性内容和显性内容结合起来。他们会在角色的沉浸和抽离中找到一个精准的中间状态，戏剧表演就由此产生。然而，演员虽然能使自己处在这个中间状态，但他们有时也会在角色的沉浸和抽离中失去平衡、迷失自我。"

英国精神分析学家唐纳德·温尼科特将创造力定义为"每个人对于永恒现实的态度的着色"。他指出，人们可能会在以下因素的基础上产生创造力。

- 我们的潜意识中存在一个"创意矩阵"，他将其称为"幻觉区"或"游戏区"。这是一个"位于个体内部现实与外界共享现实之间的中间区域"。

- 我们有机会去自由玩乐。他认为："无论孩子还是成年人，也许只有在玩的时候，他们才可以自由地发挥创造性。"

- 我们拥有一个可靠的环境。我们需要一个可靠的、值得信任的环境，在此种环境下，我们能得到充分的放松和休息。他指出："重要的是要让人们坐在长沙发上或让孩子坐在地板上，周围被玩具环绕，这样一来他们才会滔滔不绝，表达出自己的想法、见解、冲动和感受，尽管它们彼此间可能毫无关联。"

- 我们需要构建一个中立地带，在这里开展试验，且不对结果做任何判断。他强调："我们的研究只能在一个未成型且不连贯的运行过程中开展，我们的实验和游戏只能在一个中立地带进行。我们所谓的创造力只有在'不确定的中立地带'，在人格尚未整合的状态下，才能够出现……关键在于，我们要给未完成的体验、创造性冲动、原始冲动和感性冲动提供一个机会，任其展现。这些体验和冲动构成了游戏的情节。正是在游戏的基础上，人类才能体验到自我的存在 ^①。"

因此，为了发挥创造力，颇受欢迎的做法是我们用自己的心

---

① Donald W. Winnicott, *Jeu et Réalité*, Gallimard, 1975, pages 75, 78, 79 et 90.

理感受来代替阻抗[1]。就如弗朗索瓦兹·多尔多[2]所说的那样，我们要学会感受、接纳自己的消极情绪，而不要一味地抗拒它们。她认为，这样做并不代表我们会变得麻木不仁或萎靡不振，相反这恰恰能够赋予我们一种特殊的能力，让我们能够觉察并捕捉情绪、激发灵感和应对突发情况。

所有的表象都是通过感知获得的

当我们处于睡眠状态时，我们在现实生活中的经历和感受会相互交织，这些感知会在我们大脑皮层的细胞中留下一些活动痕迹，形成各种各样由图像和语言组成的梦境。通常，睡眠者还会试图对这些活动进行解释并赋予它们一定意义。长期以来，感知、图像、语言这三要素得到了广泛应用，即每个词语都表示一个对象（广义上可以是一种东西、一个人或一件事），语言是以图像为基础逐渐构建的，而在表象性行为中，感知又是图像意识的基础。

我们能感觉到自己仿佛一幅图画，从中心位置一点一点被描

---

① 阻抗指在心理咨询与心理治疗的过程中，来访者或治疗者进行有意或无意的抵抗，以干扰治疗进程的现象。阻抗的形式可以表现为语言形式或非语言形式，也可以表现为个体对某种心理咨询要求的回避与抵制，或个体对心理咨询师或其他人的某种敌对或依赖，以及个体的特定认知、情感方式，还有对心理咨询师的态度等。——译者注

② 弗朗索瓦兹·多尔多，法国家喻户晓的儿科医生，儿童教育家，儿童精神分析学家，与拉康共同建立了巴黎弗洛伊德学派。——译者注

绘成形。甚至，与其说是一幅图画，不如说是多幅图画，这是因为我们生活在一个由知觉和感官构成的图像素材库中，其中有一部分图像是私人的，还有一部分图像是共享的。玛丽·克劳德·德福尔斯也谈到了图像这个概念：我们的心灵图像是以感觉为媒介形成的[①]。我们通过视觉、听觉、触觉、嗅觉、味觉构成了多种多样的图像，其中还包括多个感官融合成的混合图像。

一个真正的"图像网络"是我们每个人根据自己的经历、感受、想法或愿望构建出来的。这种由图像和感知构成的网络在某种程度上对应了"皮肤自我"，这是由迪迪埃·安齐厄[②]创造出的心理学概念，即每一个"自我"都是从皮囊中生长出来的，皮肤就如同一道栅栏，帮助我们抵御外部的危机。同样，不仅是生理上，我们的心理上也有这样一种无形的皮肤，心理皮肤能够保护我们免受周围环境的伤害，同时允许自身进行环境适应。此外，心理皮肤还构建了一个充满"能量"的外壳来将人类包裹起来，人类也在透过这个外壳自行观察这个世界。

另外，就如波德莱尔和普鲁斯特所揭示的那样，创造力是基于联觉[③]或对应关系随机构造的。创造力来源于由各种形式的对应关系构成的整体，富有创造力的人通常拥有跳跃式思维，他们会

[①] Collectif, Françoise Dolto, *c'est la parole qui fait vivre*, Gallimard, 1999, pages 343 à 394.

[②] 迪迪埃·安齐厄（1923—1999），法国心理学家和精神分析学家。——译者注

[③] 联觉，又称通感，是一种基于神经基础的感知状态，表示一种感官刺激或认知途径会自发且非主动地引起另一种感知或认识。——译者注

打乱自己原有的图像库，再进行全新排列组合，不断形成各种新的对应关系，在不知不觉中，将自己的生活从已知变为未知，为生活创造出无限的可能性。

开启全新的创造力实践

假设图像在创造的整个过程中占据中心位置，那么图像就会成为内涵（知觉、感受）和表达（想法、词汇）之间的衔接点。对创造来说，这个衔接点不可或缺。

心理对照法则 [1] 基于视觉、听觉、触觉、嗅觉和味觉五大感官图像，这些图像可能与正在进行的创作主题直接相关，也可能没有直接联系。每个受邀参与实验的人都表达出了这些图像给他们带来的感受和印象（如炎热、寒冷、舒适、不适、柔软、粗糙、圆润、干瘪），并按照主题对图像进行自由分类。

尽管人们面对这些图像的想法是主观的，但无论他们的这些想法是否一致，他们都会以此为出发点，再次进行自由的联想并产生更具体的想法，或是激发其他感官图像的产生。

---

[1] 纽约大学的心理学教授厄廷根发明了"心理对照法则"，这是一个非常有效的梳理自己、厘清目标、确立目标、落实行动、达成目标的方法。它让我们在想要做众多事情的欲望和众多的目标中，找出那些最重要的、最现实的、确实能改变自己现状的目标，然后按照目标的轻重缓急，各个击破，最后跨越障碍，更好地落实行动。——译者注

以下实验可作为一个例证。

我们将一些以餐桌艺术或乡村漫步为主题的绘画作品的复制品提供给实验的参与者。

- 首先，他们表达了这些画作带给自己的感受。
- 其次，我们会鼓励他们明确表达出这些画作使他们联想到的听觉（叉子碰撞或谈话的声音、伴奏音乐或鸟鸣声、鹿的叫声……）、触觉（衣物的柔软、清风拂面）、嗅觉（炖兔肉的香味、刚割完的草地的清香）、味觉（美酒的醇厚、刚从树上摘下的成熟果实的甜美）的相关内容，以及他们通过这些感官刺激联想出的画面。
- 如果气氛合适，我们也可以请他们思考与这些画作相关的欢乐记忆。这段个人记忆不一定要被讲述出来，它只是为人们的内心提供支撑。此外，当我们面对这些不同时代的画作时，我们相当于扩展了自己的时间维度，能够从旁观者的角度去审视当下的形势及可能存在的问题。
- 最后，他们可以根据自己的感受将脑海中浮现出的图像自由分组，然后就只需要在各自的计划中提出更加具体的想法。

我们也可以建议参与实验的成员去听两首或三首不同风格的音乐片段，去触摸衣料或织物，去闻各种各样的香水，去品尝罕见的食物等。如果有可能的话，最好的方法是同时调动所有感官去感受外界的刺激。

世界各地精彩绝伦、种类丰富的神话故事同样可以作为资源。神话相比童话故事而言更为深奥，讲述的是生命的本质和深层次含义。各国都有一座自己独有的神话故事宝库，可以为我们的各类思考和创造性研究提供充足的养分。

我们接下来的工作就是寻找创作的时间。弗朗索瓦中肯地说道：

"事实上，我只不过是意识到，工作占用了我太多的时间和精力。最近几个月，我甚至已经处在崩溃的边缘。每当晚上和周末的时候，我再也没有半点精力让自己投入写作。我终于明白，如果我真的想写一本小说，我就必须辞掉工作。

"我希望能在接下来的几个月里实现这个想法。"

关于如何发挥"创造力"的建议再好，也敌不过残酷现实的步步紧逼。最重要的是我们要有时间和精力才能去创造，才敢于发挥创造力！

结 语

"我们必须抛弃所有顾虑才能敢于创造。"

——奥利维尔·沃纳（Olivier Werner）

我们中的许多人偶尔或经常会有从事充满吸引力的工作的想法，抑或想去进行梦寐以求的冒险活动。有时，我们也会羡慕自己的兄弟姐妹、某些朋友甚至是陌生人，羡慕他们有强烈的进取心和超强的创造力，而自己却不能像他们一样大胆去冒险。我们的内心会万分焦急，我们认为自己拥有无穷的潜力和创造力，却不敢去将它们开发和表现出来，这是因为我们害怕暴露自己的弱点。

我们究竟是因为胆怯、矜持、谦虚，还是因为害怕被别人评判、打压？到底是我们的羞耻心在作祟，还是因为我们有心理障碍？尽管我们在挣扎、在反抗，但我们还是不明白究竟是什么一直阻碍着我们去发挥自己的创造力。同时，我们意识到主观能动性和创造力对我们是有益的，能够使我们恢复活力，蓬勃发展。

那么我们如何能够做到不再置身事外，不再待在岸边观看别人戏水、欢笑、分享、玩乐、兴高采烈，不再做别人生活的旁观者呢？我们可以完全投入生活，从岸边跃入水中。让自己漂浮在水面上，享受戏水的乐趣。我们可以遵循自己的节奏，不慌不忙、悠然自得地抵达目的地，重新发现开始做一件事情带来的喜悦。我们应该享受生活的乐趣！事实上，我们完全能够做到这一点。

当然，当我们开始一项活动或计划时，随着时间的推移，我们并不一定能坚持做下去。只要我们具备并且发挥创造力，就必定会经历创造力消失的时刻，这时我们会更倾向于选择放弃，这就是我们在生活中常说的阻力。

我们在现实生活中也会遇到很多阻力，主要有以下几种。

- **缺乏动力**。不断遭到负面评价。实际上，这种情况并不会造成很严重的阻碍。这是因为每一天都是截然不同的，每个人都会凭借当天的心情做事。我们可能会丧失动力，无法停下手头的事去发挥自己的创造力。然而，创造力却如同一股深埋于地下的暗流，在我们身上无声无息地不断流淌。

- **缺少趣味性**。人们在游戏、娱乐等充满趣味的活动中更加容易获得代偿[①]，获得愉悦感和满足感。个人或团体在一种轻松、友好、充满趣味性的氛围中会更具创造力。

---

① 代偿，生理学上的意义是指人体的一种自我调节机能，当某一器官的功能或结构发生病变时，由原器官的健全部分或其他器官来代替病变的功能或结构，补偿它的功能。从心理学角度分析，代偿可以分为自觉的和盲目的两种。——译者注